Die Naturalisation ausländischer Waldbäume

in

Deutschland

von

John Booth,

Besitzer der Pflanzschulen und der forstlichen Versuchsstation zu Klein-Flottbeck in Holstein.

Mit einer Karte von Nord-Amerika und Japan.

Springer-Verlag Berlin Heidelberg GmbH

1882.

ISBN 978-3-642-51804-1   ISBN 978-3-642-51844-7 (eBook)
DOI 10.1007/978-3-642-51844-7

Softcover reprint of the hardcover 1st edition 1882

Additional material to this book can be downloaded from http://extras.springer.com

Dem

Fürsten von Bismarck

Kanzler des deutschen Reiches.

Durchlauchtigster Fürst!

Ein volles Jahrhundert ist dahingegangen, seit die Ein=
bürgerung amerikanischer Waldbäume bei uns von sachkundigen
weitblickenden Männern empfohlen wurde. Dieselben stützten
sich auf ihre zum Theil persönlich während eines langjährigen
Aufenthaltes in Nordamerika gesammelten Erfahrungen. Aber
die Versuche zu jener Einbürgerung wurden mangelhaft aus=
geführt, das Gegentheil des Erstrebten trat ein, es scheiterten
die hochgespannten Erwartungen und schließlich entstand ein all=
gemeines Mißtrauen gegen alle fremden Arten.

So mag es gekommen sein, daß man, von irrigen Vor=
aussetzungen ausgehend, wenn auch mit einer gewissen Be=

rechtigung diese werthvollen Hölzer für den größeren Anbau unberücksichtigt gelassen hat, auch selbst zu systematischen Versuchen im Kleinen sich nicht hat entschließen können.

Die nachfolgenden Blätter liefern indessen auf Grund amtlicher Erhebungen den Beweis, daß die fremden Arten an vielen Oertlichkeiten unseres Vaterlandes bereits in einzelnen stattlichen Exemplaren vorhanden sind, und daß die von denselben hier geschlagenen Hölzer sich durch besondere Eigenschaften vor unseren einheimischen auszeichnen. Es ist lebhaft zu bedauern, daß den Versuchen mit ihnen nicht schon in früheren Zeiten näher getreten wurde.

Der gewichtigen Unterstützung, welche Euer Durchlaucht meinen Bestrebungen, die sich an jene meines Vaters und anderer würdigen Männer anreihen, huldreich zuwandten, ist es vor allem zu danken, wenn durch die nunmehr staatsseitig angestellten Versuche endlich, nach einem nutzlos verflossenen Jahrhundert, der richtige Weg zur Lösung der Frage beschritten worden ist. Spätere Generationen werden es in erster Linie Ihnen, Durchlauchtigster Fürst, zu danken haben, wenn in Deutschlands Forsten neben unseren einheimischen, auch ausländische Waldbäume forstmäßig angebaut werden.

Durch gütige Gewährung meiner Bitte, Euer Durchlaucht
diese Schrift widmen zu dürfen, ist es mir vergönnt, meiner
hohen Verehrung, sowie meinem ehrerbietigsten und wärmsten
Dank für Eurer Durchlaucht Förderung öffentlich Ausdruck
geben zu können.

Klein=Flottbeck, den 26. Juli 1882.
in Holstein.

                                        John Booth.

Vorwort.

In den nachfolgenden Blättern soll der Versuch gemacht werden, die wichtige Frage über Naturalisation fremder Holzarten in Deutsch= land zu entwickeln.

Ich will kurz darzustellen suchen, wie sie sich bis auf die neueste Zeit gestaltet hat, wie sich die Pflanzenwanderungen unabläſſig, bis auf den heutigen Tag erfolgreich vollziehen, und hoffe zu beweiſen, wie hin= fällig die der Naturalisation feindlichen Anſichten an der Hand der Ge= ſchichte erſcheinen müſſen.

Die Einflüſſe klimatiſcher Verhältniſſe und namentlich ſolcher, welche durch Winterkälte hervorgerufen werden, ſollen unterſucht und dabei ein= gehender der denkwürdige Winter 1879/80 beſprochen werden.

Ich gedenke ſodann über die für uns vornehmlich in Betracht kommenden Arten zu berichten, von ihnen alles weſentliche hinſichtlich ihres natürlichen Vorkommens, des Klimas, Bodens, Standortes, ihrer Eigenſchaften und Verwendung zu erwähnen, gleichzeitig auch einige Nachrichten über Amerikas, und, ſoweit es möglich, auch über Japans Waldverhältniſſe zu bringen; wie denn auch ein kurzes Wort über Pflanzenerziehung und namentlich über die wichtige Frage der Provenienz des Samens geſagt werden ſoll.

Es sei ausdrücklich erwähnt, daß dieser Versuch weder für den Forstmann noch für den Mann der Wissenschaft geschrieben wurde, beide werden vielleicht manches darin finden, was ihnen bisher unbekannt war, während sie anderes vergeblich darin suchen werden. Es kann dieses Buch keinen Anspruch auf strenge Wissenschaftlichkeit, und darf ebensowenig bei der sehr verwickelten und vielumfassenden Materie einen solchen auf Vollständigkeit erheben. Dagegen wird es eine Fülle unzweifelhafter Thatsachen bringen, welche ein allgemeines Interesse beanspruchen dürfen und aus denen vielleicht mancher für seine eigenen Verhältnisse nützliches sich aneignen kann.

J. B.

Inhalt.

Druckfehler:

Seite 53 Zeile 20 von oben lies 1751—1760 statt 1851—1860

„ 108 „ 8 „ unten „ 0,25 „ 50,2

„ 110 „ 13 „ oben „ bittend „ bitten.

Druck von Gustav Lange, Berlin.

Historische Entwickelung
der Einführung ausländischer Holzarten

in

Deutschland,
Frankreich und England.

———

Auf der im September 1880 von dem Verein deutscher forstlicher Versuchsanstalten in Baden-Baden abgehaltenen Versammlung, wo über die Anbauversuche mit fremdländischen Holzarten berathen wurde, gelangte unter anderen auch der Beschluß, eine statistische Erhebung des Vorkommens ausländischer Waldbäume in Deutschland vorzunehmen, zur Annahme.

Seitens des Vorstandes der Hauptstation für forstliches Versuchswesen, des Oberforstmeisters Dr. jur. B. Danckelmann zu Eberswalde wurden die Fragebogen in Deutschland vertheilt, und liegen nunmehr die Resultate dieser Erhebungen vor. Sie sind übersichtlich zusammengestellt und geordnet veröffentlicht*), wofür dem Verfasser für seine mühevolle Arbeit der Dank aller Betheiligten gebührt.

Es wird in diesen Blättern noch vielfach auf die berichteten einzelnen interessanten Thatsachen Bezug genommen werden, einige allgemeine Gesichtspunkte, welche ich beim Lesen dieser Schrift gewonnen, will ich hier gleich zu Anfang aussprechen.

Das gewonnene Resultat muß als ein überaus reiches bezeichnet werden, es ist vielmehr als ich erwartet hatte, denn in Wirklichkeit ist in Deutschland noch weit mehr vorhanden, da erstens nicht jeder Besitzer fremder Bäume eine Aufforderung, über dieselben zu berichten, empfangen hat, weil man sie eben nicht alle kennt, und ferner ist es bekannt, daß solche Aufforderungen nur zum Theil beantwortet zu werden pflegen.

———

*) Das Vorkommen gewisser fremdländischer Holzarten in Deutschland. Nach amtlichen Erhebungen mitgetheilt von Weise, Königl. Oberförster zu Eberswalde. Berlin 1882. Verlag von Julius Springer.

Wenn ich auch allen Grund hätte, mich über diesen Erfolg zu freuen, so wird dieses Gefühl doch wesentlich durch die Betrachtung herabgestimmt, daß man, angesichts der tausende vorhandener ausländischer Bäume, ein ganzes Jahrhundert hat vorübergehen lassen können, ohne dieser Frage in der heute nun endlich officiell anerkannten Weise näher getreten zu sein, zum großen Nachtheil des Waldes.

Unsere Literatur ist zwar nicht reich an Aufzeichnungen über die speciellen Einführungen während der letzten Jahrhunderte, noch über das diese Materie im Allgemeinen betreffende, die wenigen Schriften indessen, welche wir besitzen, vor etwa hundert Jahren erschienen, sind das Vorzüglichste, was überhaupt hierüber geschrieben worden ist. Sie können in jeder Weise Anspruch darauf erheben, noch heute gelesen und ernsthaft studirt zu werden, da die in Betracht kommenden maßgebenden Gesichtspunkte, welche jene Autoren aussprechen, um den versuchsweisen Anbau, vornehmlich der um die Mitte des achtzehnten Jahrhunderts eingeführten nordamerikanischen Arten, zu fördern, auch noch heute als absolut richtige zu bezeichnen sind. Statt nun die alten Bücher zur Hand zu nehmen und sich ein wenig eingehender mit der Literatur des vorigen Jahrhunderts zu befassen, statt z. B. die klassische Einleitung zu dem Buche v. Wangenheims über nordamerikanische Holzarten zu lesen und sich gründlich mit den hier erzählten Thatsachen bekannt zu machen, die stets für alle Zeiten ihren Werth behalten werden, da der Verfasser ein feiner Beobachter und viele Jahre in Amerika ansässig war, statt dessen begnügt man sich beim Studium dieser Frage oft mit sehr untergeordneten Compilationen und nennt die vor hundert Jahren erschienenen Bücher veraltet, ohne sie zu kennen, während ich nicht anstehe zu behaupten, daß die leitenden Gedanken und Grundsätze in Bezug auf die Naturalisation inzwischen nicht nur dieselben geblieben sind, sondern sich auch durch langjährige Erfahrung als richtig bestätigt haben, daß darüber garnichts besseres geschrieben werden kann, wie Wangenheim bereits vor hundert Jahren publicirt hat.

Es ist ein bedauerliches Zeichen, daß solche Wahrheiten ungehört und wirkungslos verhallen und Generationen dahin gehen können, ehe jene anerkannt werden und zu ihrem Rechte kommen. Wohl finden wir Wangenheim, du Roi, Burgsdorf unter den Deutschen, sowie den Franzosen Michaux stets als Autoren in den inzwischen erschienenen Werken bei dem Capitel der historischen Entwickelung dieser Frage an passender Stelle eingefügt, vermissen aber stets alles dasjenige, was die Frage der Naturalisation, ihre Ansichten hierüber, sowie die Gründe über die nothwendige Erfolglosigkeit behandelt.

Ist es nicht ein geradezu beschämendes Gefühl, daß fast wieder ein Jahrhundert seit jener Zeit vergehen mußte, bevor endlich der Staat dieser Frage näher trat, um nach einem groß angelegten Plane systematisch diese Versuche einzuleiten, welche mit demselben Rechte und aus denselben guten Gründen bereits vor hundert Jahren hätten ins Leben gerufen werden können? Ein großer Theil der von mir zum versuchsweisen forstlichen Anbau vorgeschlagenen fremden Arten steht heute thatsächlich an vielen Orten Deutschlands, laut amtlicher Mittheilung, bereits in großen 70= bis 100jährigen Standbäumen, über welche später an geeigneter Stelle näheres berichtet werden wird. Diese Arten liefern, wie die hier an Ort und Stelle, um ihren Holzwerth kennen zu lernen, von mir geschlagenen beweisen, ausgezeichnete Qualitäten. Sollte das nicht ein Gefühl verabsäumter Pflicht, die Cultur dieser Bäume so lange vernachlässigt zu haben, hervorrufen? Das prächtige dunkelbraune, fast schwarze Holz der Juglans nigra, zu den feinsten Arbeiten der Möbeltischlerei zu verwenden, dem gar nichts ähnliches unter unseren einheimischen Hölzern an die Seite zu stellen ist, — die harten, elastischen und schweren Hölzer der Carya alba, amara, porcina und tomentosa — sie alle sind hier gewachsen, stehen vereinzelt allenthalben in Deutschland als „Parkbäume", sind fast seit 150 Jahren bekannt, ohne daß man „rationelle Versuche" mit ihnen angestellt hätte, — und statt dessen sich damit begnügte, diejenigen als Schwärmer zu bezeichnen, die mit mehr Kenntniß und Erfahrung in den Bäumen jene Eigenschaften erkannten, die sie im Laufe der Zeiten zu einem werthvollen Bestandtheil des deutschen Waldes machen werden. Beim Fällen der erst 50 bis 70 Jahre alten Exoten drängte sich mir die Betrachtung auf: Würde es bei der heutzutage so vielfach gehörten Klage über die stellenweise geringe Rentabilität des Waldes nicht eine angenehme Zugabe sein, wenn man vor fünfzig Jahren und früher bereits mit solchen über die ganze Monarchie ausgedehnten Versuchen begonnen hätte, und allmählich jede Oberförsterei im Laufe der Zeit diese Samen zur Aussaat erhalten hätte? Nach Millionen würden die Stämme edler Hölzer zählen und für manche jetzt im Walde vielfach überständige und nicht abzusetzende Buche, Kiefer und andere in etwas entschädigen. Aehnliches hört man jetzt auch aus forstlichen Kreisen, die tägliche Erfahrung weist uns darauf hin, den aus der Brennholzwirthschaft resultirenden ständigen Niedergang der Waldrente abzustellen, und dieser durch den Anbau von werthvollen Nutzholzarten wieder Aufschwung zu geben.*) Abge-

---

*) Forstwissenschaftliches Centralblatt, Jahrgang 1881. Seite 637.

sehen davon, daß wir schon jetzt die positiven Resultate aus solchen recht=
zeitig angestellten Versuchen besäßen, eigene Samenbäume hätten und
diejenigen Arten, welche sich zum Anbau im großen eigneten, nun auf
Grund eigener Erfahrung in unsere Culturpläne aufnehmen könnten,
wie es beispielsweise mit der Weymouthskiefer der Fall ist.

Aber betrübender noch, namentlich im Hinblick auf die vielgepriesene
deutsche Gründlichkeit, ist die Art der Opposition, welche die bisherigen
Leistungen keines Blickes würdigt, oder nach ihrem Belieben Thatsachen
fälscht, ist der Zweifel und die Kritiklosigkeit andererseits, welche wir
leider heute noch so vielfach antreffen müssen. Unwissenheit und moderne
Halbbildung haben Absprecherei und Rechthaberei im Gefolge, positiven
Leistungen anderer begegnet es ja heute vielfach, daß sie lächerlich ge=
macht und durch scheinbar gelehrte Theorieen im Gewande hohler Phrasen
angegriffen werden, deren Oberflächlichkeit nur noch von dem anmaßenden
Tone der Unfehlbarkeit übertroffen wird. Wie angenehm berührt es, die
genannten literarischen Erscheinungen über diese Frage aus früherer Zeit
zu studiren; wie wohlthuend heben sie sich gegen manche dendrologische
Erscheinungen der Gegenwart ab, wo der Sachkenner zwischen jeder Zeile
liest, daß der Verfasser mit unsicherer Hand ihm selbst unbekannte Dinge
nachschreibt; es war doch meistens selbst Beobachtetes, und trug einen
selbstständigen Charakter, es fehlten noch die Menge untergeordneter
Publicationen, auch konnte über diese damals neue Materie kein Autor
von einem früheren unbemerkt unrichtiges abschreiben, wodurch heutzutage
die gröbsten Irrthümer fortdauernd verbreitet werden. Als einer der
vornehmsten Autoren in der zweiten Hälfte des vorigen Jahrhunderts
ist hier Friedrich Adam Julius von Wangenheim zu nennen.
Er war Capitain beim Hochfürstlich hessischen Feldjäger=Corps, welches
einen Theil der um jene Zeit nach Nordamerika schmachvoll verkauften
Truppen bildete, der, nachdem er bereits im Jahre 1781 eine kleine Be=
schreibung einiger nordamerikanischer Holzarten mit Anwendung auf
deutsche Forsten herausgegeben, und von 1777 bis 1785 in Nordamerika
geweilt hatte, seinen „Beytrag zur teutschen holzgerechten Forstwissenschaft,
die Anpflanzung nordamerikanischer Holzarten mit Anwendung auf teutsche
Forsten betreffend‟ im Jahre 1787 in Göttingen erscheinen ließ. Wohl
mag Bernhardt von ihm sagen,*) daß er ohne alle forsttechnische
Kenntnisse gewesen sei, aber er war, wie hinzugefügt wird „mit guter
Beobachtungsgabe und frischer Lust am Walde ausgestattet.‟ Wan=

---

*) Geschichte der Forstwissenschaft in Deutschland von A. Bernhardt. Ber=
lin 1874. Verlag von Julius Springer. II. Band, Seite 145.

genheim's Buch ist weder veraltet noch von der Fluth bis heute er-
schienener diese Frage behandelnder Schriften überholt, im Gegentheil
die Bedeutung desselben tritt jetzt erst recht hervor, da Wangenheims
vielseitige feine Beobachtungen und eigene Erfahrungen inzwischen in
allen wesentlichen Punkten sich als durchaus richtig bewährt haben.

Da das Buch nur wenigen bekannt sein dürfte, dasselbe sehr selten,
auch nur einzeln antiquarisch zu haben ist, lasse ich hier aus der demselben vorangehenden Einleitung einiges Wesentliche wortgetreu folgen.

„Während eines achtjährigen Aufenthaltes unter dem gemäßigten
Himmelsstriche in Nordamerika habe ich alle müßige Stunden, die ohne
Nachtheil meiner übrigen Amtsgeschäfte entbehret werden konnten, dahin
verwendet, die theoretische sowohl als wahre praktische Kenntniß der unter
diesem Himmelsstrich wachsenden nordamerikanischen Holzarten zu erlernen;
der Natur, in Absicht auf den Wuchs derselben nachzuspüren, und meine
Erfahrungen auf den forstmäßigen Anbau dieser Holzarten
bei uns in Deuschland anzuwenden. Da mir Niemand, wenigstens unter den Verfassern größerer Werke dieser Art, bekannt ist, dessen
Absichten bei der Beschreibung oder Untersuchung der edleren nordamerikanischen Bäume dahin gegangen wäre, deren Anbau in Deutschland zur Aufnahme und Nutzen unserer Forste anzuwenden
und vorzuschlagen, so denke ich, kann gegenwärtiges Werk (wenn es
auch nicht denjenigen Grad der Vollkommenheit erreicht, den ich mich
ihm zu geben eifrig bemüht habe) jedem holzgerechten Forstmann, bei
einer forstmäßigen wilden Anlage nordamerikanischer Holzarten in das
Große, zur Hülfe dienen, weil alle darin angegebenen Nachrichten auf
Erfahrungen gegründet, und mit Wahl und Nachdenken
untersucht worden sind.

Je mehr unterschiedene Arten der Hölzer wir besitzen, desto eher
sind wir durch die Mannigfaltigkeit in den Stand gesetzt, auch für den
schlechtesten Boden eine Art aufzufinden, die auf selbigem
wächst, und dadurch ihn uns nutzbar macht; oder solche Holzarten
anzuziehen, die, und im Durchschnitt einer Anzahl angenommener Jahre
mit anderen verglichen, am mehrsten abwerfen, und daher auf einem
solchen Boden am nutzbarsten werden. Dieses ist die wahre Wirthschaft,
die ein holzgerechter Forstmann verstehen soll und muß.

Aus diesem Grunde wird die Anpflanzung einiger nordamerikanischen
Holzarten in Deutschland, für dieses nützlich und vielleicht wichtig, wenn
ihre Anpflanzung an schicklichen Oertern geschieht; wenn sie an
diesen Orten den Nutzen unserer einheimischen Holzarten überwiegen,

alsdann ist ein solches Unternehmen löblich und nützlich. Für unsere Wälder würde eine solche Anpflanzung aber nachtheilig sein, wenn sie bloß aus Liebe zur Neuheit unternommen, oder eine einheimische bessere Holzart durch eine schlechtere nordamerikanische vertilgt würde.

Der Schauplatz, wo diejenigen Pflanzen, die ich beschreibe, erwachsen, und worunter einige für unsere deutschen Forsten nutzbar sein können und werden, ist Nordamerika. Um dieses Land, besonders diejenigen Gegenden desselben, deren Klima und Lage die genaueste Uebereinstimmung mit Deuschland hat, näher kennen zu lernen, ist es wohl nöthig, eine kurze Beschreibung dieses Landes vorhergehen zu lassen.

Im weitläufigeren Verstande, wird mit dem Namen des nördlichen Amerika, das ganze feste Land belegt, das von dem Aequator nördlich liegt. Im engeren Verstande aber, und dessen ich mich in der Folge bediene, wird darunter nur das feste Land, von Florida an nördlich, Neu-Schottland und Canada mit inbegriffen verstanden.

Diese Länder haben aber dennoch eine so ausgedehnte Lage, daß ihr Klima noch sehr verschieden ist. Die natürlichste Unterscheidung dieser weitläufigen Länder, und die dem Endzwecke dieses Werkes am angemessensten ist, scheint mir diese zu sein: daß man den größten Theil von Canada, Neu-Schottland, Neu-England und den nördlichen Theil von New-York Provinz, oder die vom 41. Grad der Breite nördlich liegenden Länder, den kalten; den wärmeren Theil von New-York Provinz, Neu-Jersey, Pensylvanien, und die niedern Grafschaften Delaware, zwischen dem 39. und 41. Grad nördlicher Breite liegen, den gemäßigten; Maryland, Virginien, Carolina, Georgien und Florida, die vom 39. Grad nördlicher Breite weiter südlich liegen, den heißen Himmelsstrich von Nordamerika nennen.

Unter dem kältern Himmelsstriche wachsen einige Holzarten und Pflanzen, die unter dem heißen gänzlich vermißt werden, und so umgekehrt; unter dem gemäßigten Himmelsstrich hingegen wachsen einige dieser Pflanzen zugleich; er ist also geschickter als der kalte und heiße Himmelsstrich, eine größere Verschiedenheit von Hölzern und Pflanzen hervorzubringen.

In Rücksicht des Klima im nördlichen Amerika und in Europa, nach den Graden der Breite, worunter beide Welttheile liegen, gerechnet, herrscht zwischen beiden ein großer Unterschied. Ein Exempel anzuführen, so ist das Klima der Stadt New-York, die unter dem 40. Grad 40 Minuten nördlicher Breite liegt, demjenigen von Erfurt, das unter 51. Grad 26 Minuten der Breite liegt, so ähnlich, daß in Ansehung des Klima, der gewaltige Abstand von 10 Grad 46 Minuten, den Erfurt gegen New-York weiter nördlich liegt, nicht merklich bemerkt werden kann.

Zu meinem Endzweck gehört aber bloß zu erweisen, daß das Klima desjenigen Theils von Nordamerika, der zwischen dem 39. und 45. Grad nördlicher Breite liegt, die größte Aehnlichkeit mit demjenigen unseres Vaterlandes habe; ich muß deswegen einige Bemerkungen vorangehen lassen.

Unter dem gemäßigten Himmelsstrich in Nordamerika, zwischen dem 39. und 42. Grad nördlicher Breite, fällt im September Monat der Herbst ein. Die meisten Arten der Baumfrüchte sind reif, oder ihrer Zeitigung sehr nahe. Im Oktober und November fallen schon häufige, und vielmals Nachtfröste, das Gras hört zu wachsen auf, und die mehresten Laubhölzer verlieren die Blätter.

Von dem Monat September an bis gegen die Mitte des März, ist der Winter in Ansehung der Kälte streng; sie steigt vorzüglich durch den Nord-Westwind, der in diesem Welttheile unter allen Winden der kälteste ist, zu einem außerordentlichen Grad; die Wirkung dieses Windes ist so heftig, daß in kurzer Zeit die größten Flüsse, sogar an denjenigen Orten, wo sie Ebbe und Fluth haben, mit ein und mehrere Fuß dickem Eise belegt werden, wie unter andern sich dieses zu Anfang des Jahres 1780 zutrug. Gewöhnlich liegt ein Schnee nur 5 oder 6 Wochen; desto häufiger folgen sie aber aufeinander, so wie nach Thauwetter harte Fröste. Ueberhaupt ist unter dem gemäßigten Himmelsstrich in Nordamerika, oder in denjenigen Provinzen, die zwischen dem 39. und 42. Grad nördlicher Breite liegen, die Witterung sehr ungleich, und für Menschen und Pflan= zen empfindlich.

Das Frühjahr ist angenehm, doch folgen im Maimonate öfters noch Nachtfröste, wodurch die Blüthen der Bäume nicht selten beschädigt werden.

Der Sommer weicht von unserm deutschen hauptsächlich darin ab, daß die Hitze im Julius und August brennender ist; im Gegentheil sind die Nächte desto kälter; es fallen sehr starke, einem Regen nicht un= gleiche Thaue.

Unter dem kältern Himmelsstrich in Nordamerika, zwischen dem 42. und 45. Grad nördlicher Breite, weicht die Witterung verschiedent= lich von der vorigen ab.

Der Winter nimmt im November schon seinen Anfang, und dauert bis gegen die Mitte oder Ende März. Die Erde ist dabei mit 2 und mehrere Fuß hohem Schnee bedeckt; gewöhnlich ist der Grad der Kälte dabei nicht strenger, als auf unsern deutschen Gebirgen, dem Harz, dem

Thüringer= und Schwarzwald, doch ist es ebenfalls der Nord=Westwind, der den Grad der Kälte vermehrt. Nur selten fallen im Winter solche Thauwetter ein, daß ein ganzer Aufbruch erfolgen sollte, und wenn sie einfallen, halten sie nur kurze Zeit an.

Der April ist der Anfang des Frühjahres; die mehresten Baumblüthen erscheinen im Mai, und sehr selten in diesem Monate noch Fröste, wo= durch sie verderbt werden sollten. Der in diesen Gegenden früh ein= fallende Winter und das spätere Frühjahr verursachen, daß man mehr Sommer= wie Wintergetreide erbaut, obgleich dieses in den tiefer lie= genden Gegenden auch geschieht. Die wilden, noch wenig angebauten Gegenden geben wohl eine Ursache dieser unfreundlichen Winter mit ab. Wie Deutschland zu der Römer Zeiten noch in einem gleichen Zustand war, so war es allen damaligen Beschreibungen zufolge, weit kälter als jetzt; wahrscheinlich kann das Klima dieser Gegenden, wenn sie durchgängig angebaut sind, auch milder werden.

Der Sommer ist so heiß als unter dem gemäßigten Himmelsstriche, wodurch die Feld= und Gartenfrüchte zu Ende des September ihre Reife erhalten, und die Erndte, ehe es wintert, geendigt ist. Hierzu tragen die Sommernächte, die in diesen Gegenden warm sind, nicht wenig bei.

Der Herbst ist zwar kurz, aber angenehm. Gegen Ende des Sep= tembers fallen Reife und Nebel ein; im Oktober folgen aber Fröste. Die Aehnlichkeit des Klima dieser Gegenden mit den nörd= lich liegenden Provinzen unseres Vaterlandes ist auf= fallend groß.

Da das englische und deutsche Klima genau mit demjenigen in Nordamerika zwischen dem 39. und 45. Grad nördlicher Breite überein= stimmt, so sind es diejenigen Länder, wo die Naturalisirung der unter diesem Himmelsstrich wachsenden nordamerikanischen Pflanzen am leichtesten und natürlichsten angehen und unternommen werden konnte.

England hat seit einem Jahrhundert schon nordamerikanische Holz= und Buscharten in seinen Gärten angepflanzt; dieses war für diese Nation leichter als eine andere, da sie die Besitzer des größten Theils von Nordamerika waren. So gab es auch in England wohlhabendere Privat= personen als an anderen Orten; die Hauptursache lag wohl aber in dem Geschmack bei der Anlegung ihrer Gärten, woran die Natur mehr Antheil als die Kunst hat. Obgleich diese Nation zuerst nordamerikanische Holzarten in Europa naturalisirte, so hat ihre Wißbegierde sich doch hauptsächlich auf das Vergnügen eingeschränkt; ich entsinne mich aber nicht gehört zu haben, daß man durch weitläufige wilde forstmäßige An= lagen das nützliche mit dem angenehmen zu verbinden gesucht hätte. In

England, wenn ich mich nicht irre, werden die nordamerikanischen Holz=
arten größtentheils noch gärtnermäßig angezogen, allenthalben findet man
zu diesem Behuf eine Menge weitläufiger Pflanzschulen.

Gegen Natur und Erfahrung streitet es aber, in dem
engen Bezirke eines Gartens, wenn dessen Umfang auch
100 und mehrere Acker, welches doch ein seltener Fall ist,
betrüge, so viele Holzarten, die so oft einen ganz entgegen=
gesetzten Boden und Lage verlangen, in ihrer größten
Vollkommenheit ihrer Natur gemäß zu erziehen. Der größte
Theil der Gärtner, zumal wenn ihre Pflanzen reißend abgehen, denkt
nur auf die Vervielfältigung; ihnen ist es sehr gleich, ob die Pflan=
zen aus Samen erwachsen, oder nur Ableger sind; sie ver=
zärteln sie auch wohl durch eine künstliche Wartung, damit
sie einen desto schnelleren und ansehnlicheren Wuchs er=
reichen, und was noch für künstliche Handgriffe mehr dabei
angewendet werden.

Andere Länder erhalten aus den englischen Pflanzschulen daher wohl
recht schön gewachsene Pflänzlinge; wer in Deutschland z. B. sie aber
zu Versuchen, die sich auf das holzgerechte Forstwesen beziehen, bestimmt,
wird mit dergleichen Pflanzen niemals richtige Erfahrun=
gen machen können, und sich sowohl als die Zukunft hinter=
gehen.

In Deutschland haben wir wohl 50 Jahre später als in England
angefangen, nordamerikanische Holz= und Buscharten anzupflanzen. Eben=
falls waren botanische Gartenfreunde hin und wieder die ersten An=
pflanzer; diese Liebhaberei blieb aber nicht so lange ein Spielwerk als
in England.

Zur Ehre unserer Nation sei es gesagt, daß zwei würdige Männer,
der Herr Landdrost von Münchhausen zu Schwöbber, und der
Herr Hofrichter von Veltheim zu Harbke, die ersten mit waren,
die nordamerikanische Holzarten nicht sowohl als Spiele des Vergnügens
anzogen, sondern holzgerechte und forstmäßige Anlagen, mit
mehreren nutzbaren Arten, in das Große unternahmen.
Der künftige Fortgang, insofern er unserem Vaterlande Nutzen schaffen
wird, gründet sich allerdings auf die ausgebreitete gründliche holzgerechte
Kenntniß dieser würdigen Männer. Wie sehr müssen diese Exempel
nicht künftig andere anspornen, wilde weitläufige Anpflanzungen der nutz=
barsten Baumarten zum Nutzen unserer Forste zu unternehmen, da hierzu
was ein Großes ist, bereits die Bahn gebrochen, auch bei verschiedenen
durch Erfahrung schon der zukünftig zu hoffende Nutzen gezeigt wird.

Unter die Nachfolger jener großen, für das holzgerechte Forstwesen in Deutschland Epoche machenden Männer, zähle ich unter anderen mit dem größten Rechte meinen geschickten, durch seine Schriften bekannten unverdrossenen und würdigen Freund, den Königlich Preußischen Herrn Forstrath der Mittel= und Untermark Herrn von Burgsdorf, der eine der ansehnlichsten Pflanzungen nordamerikanischer Holzarten, die Deutschland aufzuweisen hat, in Tegel bei Berlin auf Königl. Befehl und Unterstützung angelegt hat. Hierdurch werden meine auf kein Geradewohl hingeworfene, sondern auf Erfahrungen gegründete Sätze, Sachverständigen begreiflicher werden.

Auch unsere deutschen Gärtner folgen an mehreren Orten vor= erwähnten Beispeilen. Sie verbinden das Nutzbare mit dem Vergnügen, und verwenden ihren Fleiß nicht lediglich auf blumentragende Bäume und Sträucher, sondern man findet verschiedentlich forstmäßige Anlagen nordamerikanischer Baumarten bei ihnen. Beweise hiervon geben unter andern der Markgräflich Badensche Garten zu Carlsruhe, und der Landgräflich Hessische zu Weißenstein, der unter der Aufsicht des fleißigen Hofgärtners Schwarzkopf steht, wo seit 20 Jahren gegen 20,000 Stück Weymouthskiefer angezogen sind, worunter einige schon taugbaren Saamen liefern, so daß in wenig Jahren Hessen nicht mehr nöthig haben wird, zu weitläufigen forstmäßigen Anlagen dieser Holzart, Saamen aus fremden Landen kommen zu lassen.

Die wilde holzgerechte forstmäßige Anpflanzung der Hölzer, insofern wir sie in ihrer größten Vollkommenheit erziehen wollen, weicht ver= schiedentlich von derjenigen in den Gärten ab; sie muß so einfach als nur möglich, und der Natur der Pflanzen, die angezogen werden sollen, gemäß sein.

In Gärten künstlich erzogene, in einem guten und fetten Boden verwöhnte und verzärtelte nordamerikanische Pflanzen, können in unserm Klima vorerst keine solche starke, vollkommene und dauerhafte Bäume liefern, als wenn sie forstmäßig, wild, der Natur überlassen, in einem ihnen angemessenen Boden und Lage ausgesäet werden, wo sie allein dem Endzweck entsprechen können, den wir uns durch ihren Anbau, in Absicht einer Verbesserung unserer Forste, zu erhalten schmeicheln.

Aus der Erfahrung sind wir durch unsere eigene An= lagen in Deutschland gewiß versichert, daß viele nordameri= kanische Holz= und Buscharten, die zwischen dem 39. und 45. Grad nördlicher Breite in Amerika wachsen, bei uns in freier Luft und in der Wildniß angebaut werden können; wir sind auch überzeugt, daß unser Klima mit dem nordamerikanischen eine große Uebereinstimmung haben müsse, weil viele dieser Pflanzen durch unsere Winter nicht beschädigt werden. Bei Beobachtung des Wuchses einiger dieser Holzarten bei uns, können wir schon den sichern Schluß folgern, daß einige derselben einen sehr schnellen Wuchs haben, andere aber durch die Güte und Nutzbarkeit ihres Holzes sich auszeichnen, und daher vielen unserer einheimischen Arten an die Seite zu setzen sind, wenn sie einige davon auch nicht übertreffen sollen.

Diese Erfahrungen werfen daher die Einwürfe derjenigen über den Haufen, die aus nicht genugsamer Kenntniß oder Einsicht, und daher ohne allen Grund behaupten, daß unsere einheimischen Holzarten, allen fremden, wenn sie gleich überwiegende Vortheile gewähren sollten, vorgezogen werden müssen; diese gefaßte und eingewurzelte Vorurtheile geben eine wichtige Ursache ab, warum in Deuschland der Anbau verschiedener sehr nutzbarer fremder Holzarten, die sich doch für dessen Lage und Klima schicken, nicht allgemeiner ist.

Mit Verachtung würde ich auf mich selbst herabsehen, ich würde mir selbst eher den Namen eines Rabulisten als eines Forstmanns beilegen, wenn die bloße Pflanzsucht mich zu behaupten verleitete, daß alle nordamerikanischen Holzarten, als fremde betrachtet, besser und vortheilhafter in Deutschland anzupflanzen wären, als unsere einheimischen; oder wenn ich vorschlüge, daß man mit Holz bestandene Berge fällen, ausrotten und mit nordamerikanischen Holzarten wieder anpflanzen sollte.

Weit sei dieser Gedanke von mir entfernt, ich schätze und kenne sehr genau die Güte und den Nutzen, den uns unsere einheimischen Holzarten, die Eiche, die Buche, die Esche, Ahorn und mehrere gewähren; stehen diese Arten auf dem ihnen angemessenen Boden, wo sie zu ihrer wahren Vollkommenheit gelangen können, so müssen wir sie ewig darauf zu erhalten suchen. Wie viele Oerter finden wir aber nicht in dem weitläufigen Bezirk eines Forstes (ich will eines ganzen Landes nicht einmal erwähnen), die mit einer einzigen Holzart, z. B. der Buche oder Eiche, besetzt sind, und zwar Flecke enthalten, die eine schickliche Lage und Boden haben, worauf diese Baumarten in ihrer Vollkommenheit wachsen können; denen es im Gegentheil aber auch nicht an Stellen fehlt, wo durch eine ihnen in der Natur zuwider-

laufende Lage und Boden -eben diese Pflanzen gegen ihren
Willen zu wachsen gezwungen werden und woselbst sie nie=
mals zu dem wahren Grad ihrer Vollkommenheit gelangen
können, sondern gleichsam in einem Spitale von Kranken und Schwind=
süchtigen bis zu ihrem Abtrieb ein sieches Leben führen. An eben
diesen Orten würden hingegen Kenner der Natur und Lage
des Bodens gemäß andere entweder einheimische oder
fremde Baumarten von Werth in ihrer Vollkommenheit
anziehen. Ich will nicht einmal derjenigen wüste liegenden und mit
Heide oder Dornen besetzten Plätze gedenken, die man noch in vielen
Provinzen Deutschlands findet.

So lange unsere deutschen Forste noch keinen Gärten gleichen, wo
jeder Fuß breit Land durch eine oder die andere Holz= und Buschart,
die ihrer Lage und Boden angemessen ist, genutzt wird, so lange ist
unsere Forstwissenschaft noch nicht zu demjenigen Grade der Vollkommen=
heit gediehen, den sie dem Laufe der Natur nach eigentlich erreichen sollte.

Bei dem Entschlusse, deutsche Forste durch den Anbau nordameri=
kanischer Holzarten zu verbessern, würde ich folgendergestalt verfahren:
Zuerst würde ich eine Auswahl derjenigen Arten treffen, die
ganz vorzügliche Bau= oder Nutzhölzer liefern; auf diese würden
für Gegenden, wo Holzmangel herrscht, diejenigen Arten folgen, die durch
einen äußerst schnellen Wuchs sich nicht allein auszeichnen, sondern über
dieses noch zu mancherlei Nutzen verwendet werden können, auch die=
jenigen Arten würde ich nicht übergehen, die, ob sie gleich
für sich betrachtet schlechte Hölzer sind, doch dadurch schätz=
bar werden, daß sie in dürrem Sande oder Sumpfe besser
als einheimische Arten wachsen und hierdurch nutzbar
werden.

Ohne selbst mehrere Jahre an denjenigen Orten zugebracht zu haben,
wo diejenigen Holzarten, die naturalisirt werden sollen, natürlich wachsen,
und ohne sie praktisch mit einem scharfen Auge untersucht und betrachtet
zu haben, kann man freilich, da in Deutschland die Erfahrung noch nicht
alt genug ist, erwägen und untersuchen, ob in einer angenommenen Lage
und Boden der Anbau einer einheimischen Holzart gegen eine nordame=
rikanische mehr Vortheil als diese liefere; dieses methodische Ver=
fahren ist nöthig, wenn wahrer Nutzen erzielt werden soll.
Dieses zu bewerkstelligen ist einer der Hauptendzwecke dieses Werks und
hierüber einige Erläuterungen zu ertheilen, schreite ich zu Exempeln.

Eine Klage, die hauptsächlich die weiße Eiche angeht, führen alle
und jede sowohl englische als deutsche Gärtner. Sie betrifft die

Empfindlichkeit dieser Eichenart gegen unsere Winter, da häufig die jungen Triebe durch die Fröste beschädigt werden und der Wuchs der Pflanze gehemmt wird. Sie folgern hieraus, daß unser Klima für diese Eichenart zu kalt ist.

Untersuchen will ich nicht, aus welchen Gegenden in Nord= amerika der Saame, woraus diese Pflänzlinge erzogen wurden, überkam, ob solcher recht die erforderliche Reife erhalten oder auf der Seereise beschädigt worden ist. Noch ganz andere Ur= sachen sind daran schuld und woran vielleicht nur wenige, die dennoch Amerika selbst bereist, gedacht haben.

Wenn z. B. unsere Buche (Fagus sylvatica Lin.) in ein ent= ferntes Land, dessen Klima und Boden mit dem unsrigen übereinstim= mend wäre, um daselbst angepflanzt zu werden, verschickt würde, sie würde wild ausgesäet und bei allen Wiederholungen fände man, daß die Winter und Fröste die jungen Pflanzen beschädigten und nur zwerg= artige Ueberbleibsel übrig ließen; was würde die allgemeine Sage sein? Nicht wahr: das Klima ist zu rauh für diese Holzart; einer würde dieses dem andern nachbeten, und so würde man den Anbau dieser Holzart hintansetzen.

Der nämliche Fall tritt bei einigen nordamerikanischen Eichenarten und vorzüglich bei der weißen Eiche ein. Ihr böser Ruf in Europa war mir bekannt; wenn ich hingegen auf der Stelle Klima, Lage und Boden gegeneinander hielt und miteinander verglich, so war ich völlig überzeugt, daß eine andere, doch eben so natür= liche Ursache die wahre Hinderniß hierzu abgeben muß. Nachdenken und Beobachtungen brachten mich auf die Spur. Erstlich bemerkte ich in Nordamerika nicht ein einziges Dickicht, das aus lauter jungen Pflanzen dieser Eichenart bestanden hätte, welche ihre Entstehung nicht dem Schatten alter Bäume zu verdanken hätten; dieses wurde durch diejenigen Orte bewiesen, wo ganze mit alten Bäumen besetzte Striche während des Civilkrieges abgehauen worden waren und wo ich im Frühjahre darauf 1=, 2= und 3 jährige junge Pflanzen der weißen Eiche genug fand, das Jahr darauf war zu meiner größten Verwunderung der größte Theil dieser jungen Pflanzen verschwunden; wo allenfalls aber noch eine stand, war sie doch durch den Frost verletzt und nicht mehr fähig, einen Baum von Werth zu liefern. In den Wäldern hingegen, wo der Schatten der dicht stehenden Bäume einen Schutz abgab, fand ich alle junge weiße Eichen unbeschädigt. Diese Bemerkung fiel ein Jahr so wie das andere aus: ich kann daher keinen anderen Schluß folgern, als daß die nordamerikanische weiße Eiche eine derjenigen Holzarten ist, die auch sogar in ihrer Heimath nothwendig in den ersten Jahren ihres Anwuchses Schatten und Schutz verlangt, wenn anders die kalten Winde und Fröste sie nicht verderben sollen; daß sie hierin viel gleiches mit unserer einheimischen Buche habe und daß der nachdenkende holzgerechte Forstmann sie auf gleiche Art behandeln müsse, wenn dessen angewendete Mühe nicht fruchtlos sein soll.

Als holzgerechte Forstleute wollen wir daher unser Augenmerk nur auf den Anbau derjenigen nordamerikanischen Baumarten richten, die durch ihren ansehnlichen Wuchs eine Zierde unserer Wälder werden sollen und die durch ihren vielfältigen Nutzen den Wohlstand derselben bessern können; bei ihrer Anpflanzung und Naturalisirung soll bloß die Natur uns zum Leitfaden dienen, damit ihr Wuchs den höchsten Grad der Vollkommenheit bei uns erreiche; öfters ist solchen Pflanzen ein gekünstelter Anbau zuwider, sie arten aus und liefern Abkömmlinge, die niemals die Stärke und Gesundheit der in der Wildniß natürlich aufgewachsenen erreichen und genießen.

Ist der Mensch in seinem natürlichen Zustande, in Absicht auf seine Gliedmaßen, nicht weit stärker gebaut und hat die Wartung und ein gemächliches Leben die ehemalige Stärke seines Nervensystems nicht weit heruntergesetzt? Wie würde die Vergleichung eines alten Deutschen zu der Römer Zeiten gegen einen von uns ausfallen? Oder wir nehmen Thiere eines Geschlechts, z. B. das Schwein, in seinem gezähmten und in seinem natürlichen wilden Zustande an; kann ersteres mit letzterem wohl seine Kräfte messen? Ebenso geht es im Pflanzenreich; eine in einem Garten einzeln gepflanzte Büche oder Eiche, wenngleich ihr Wuchs ansehnlich bleibt, wird doch niemals so ein gesundes und festes Holz liefern und ihre Lebensjahre so hoch bringen, als eine in der Wildniß natürlich aufgewachsene, die, wenn keine Nebenumstände eintreten, ihre volle Gesundheit bis zu dem bestimmten Ziel ihrer Lebensjahre beibehält.

Wenn wir daher die vorzügliche Güte einiger nordamerikanischen Holzarten zugeben, wenn auf Erfahrungen gegründete Versuche uns beweisen, daß unser einheimisches Klima kein Hinderniß ihres Anbaues ist, so würde in Absicht auf das Forstwesen der vorgesetzte Zweck vereitelt werden, wenn wir nun suchten diese Holzarten in Grenzen enger Gärten einzuschließen und diesem gemäß zu kultiviren. Diese geben mehrentheils nur Behältnisse siecher, kranker, verzärtelter und ausgearteter Bäume ab, wo der Arzt nur selten das Glück hat, einen völlig zu heilen, viele aber bei der Probe aufgeopfert werden und sehr selten ihr natürlichbestimmtes Lebens= ziel erreichen.

Bei der Naturalisirung dieser Pflanzen wollen wir einen anderen Weg einschlagen; ihr Wuchs, Kräfte und Güte soll sich gleich bleiben und ihr Leben durch zu viel gekünsteltes nicht verkürzt werden. In allen unsern Anstalten wollen wir ganz einfach und treu der Natur folgen. Je mehr und sorgfältiger wir dieser daher in denjenigen Län= dern, wo die Pflanzen, die wir naturalisiren wollen, wachsen, nachgespürt haben, desto erwünschter werden die Aussichten und der Erfolg sein.

Derjenige, der dieses in entlegenen Ländern, wo nur wenige Sach= verständige hinkommen, unternimmt, hat die Pflicht auf sich, bei den Hauptumständen gründlich und richtig zu urtheilen. Diesen Endzweck habe ich so viel wie möglich zu erreichen gesucht; ist hin und wieder ein Fehler eingeschlichen, so hat dieser gewiß keinen Hauptbezug auf das Ganze oder betrifft kein für den holzgerechten Forstmann wesentliches Stück.

Bei der Naturalisirung nordamerikanischer Holzarten in Deutschland und daß diese daselbst nicht ausarten, sondern zu ihrer Vollkommenheit wachsen, ist nothwendig und erforderlich, die Lage und den Boden zu kennen, den diese Pflanzen an ihrem Geburts= orte vorzüglich lieben. Daß auf beides zugleich Rücksicht genom= men werden muß, ist ganz gewiß, obgleich im andern Fall einige Pflanzen die Wirkungen davon empfindlicher als andere spüren.

Wer z. B. die Balsamtanne (Pinus balsamea Lin.) in niedrig liegenden warmen Gegenden anpflanzt, handelt gegen die Natur. Der Baum, sowie er älter wird, erkranket, die Mildigkeit des Klima und Güte des Bodens verursachen einen widernatürlichen Trieb und verursachen, daß er vor der Zeit abstirbt. Ebenso geht es andern Pflanzen= arten, deren Natur entweder ein feuchter oder trockener Boden angemessen ist, die man aus Mangel gehöriger Beurtheilung aber zwingt, in einem entgegengesetzten Boden zu wachsen; sie sterben zwar nicht sogleich ab, endigen ihr Leben aber frühzeitiger als gewöhnlich und erreichen niemals denjenigen Grad der Vollkommenheit, der ihrer Natur gemäß ist. Dieses zeigt schon die Unmöglichkeit, in weitläufigen Gärten, sogar englischen Parks, alle die verschiedenen Baum= und Buscharten, die in freier Luft unter diesem Himmelsstrich wachsen können, in ihrer Vollkommenheit anzuziehen. Für einen holzgerechten Forstmann können die Schlußfolgen in nicht mehrerem bestehen, als daß es Pflanzen sind, die unsere Winter ausdauern, obgleich dieses noch Einschränkungen leidet. Bei dergleichen Anlagen kann man aber sehr leicht hintergangen werden, wenn man einen Vergleich zwischen verschiedenen Arten in Ansehung ihres Wuchses anstellen will.

Es giebt ansehnliche Baumarten, die in der Jugend schnell, hernach langsam, andere, die anfänglich langsam und hernach schnell aufwachsen. Zwei so entgegengesetzte Arten z. B. stehen beieinander, der einen ist der Boden angemessen, der andern nicht; so erreicht anfänglich die langsam erwachsende Art, durch den gegen ihre Natur laufenden Trieb eines fetten Bodens wohl einen eben so schnellen Wuchs als die andere, der dieser Boden angemessen ist; schließen wir aber daraus, daß beide Arten gleich schnell die folgenden Jahre fortwachsen, so irren wir uns gewiß und die zukünftige Erfahrung wird uns davon überführen.

Den fortschreitenden natürlichen Wuchs jeder fremden Holzart, die wir anpflanzen wollen, zu kennen, ihr eine angemessene Lage zu geben und für sie einen schicklichen Boden zu erwählen, sind wesentliche Stücke für einen holzgerechten Forstmann.

Haben wir in Deutschland nicht eben so mannigfaltige Mischungen von Boden, als in Nordamerika? Haben wir nicht alle Arten von Lagen, sowohl Gebirge, Hügel, Ebenen, Thäler und Sümpfe, als dort, warum sollten wir nicht jeder nordamerikanischen Holzart, die wir naturalisiren wollen, einen schicklichen Platz anweisen können? Sind bis jetzt die bei uns an den mehresten Orten angezogenen nordamerikanischen Baumarten, mit denen die dasigen Wälder und Wildnisse prangen, nicht bloße und noch dazu schlecht getroffene Copieen herrlicher Originale.

Bei der Wahl einer oder der anderen Baumart, die man anpflanzen will, sind entweder ihre Güte, ihr schneller Wuchs, ihr Verbrauch, ihre Produkte, oder noch andere Vortheile, die einer Pflanze vor der anderen eigen sind, in Erwägung zu ziehen und nach Beschaffenheit des Landes zu bestimmen, welche Holzart vor einer anderen den Vorzug verdiene. Hiernach wird der Umfang der Anpflanzung bestimmt. Hierin kann ein geschickter und geübter Forstmann, oder wem die Verwaltung des Forstwesens übertragen ist, erkannt werden, wenn an keiner Art von Holz, die zu diesem oder jenem Verbrauch erforderlich ist, und der der Lage, Klima und Boden des Landes angemessen ist, ein Mangel verspürt wird. Denn wären z. B. die ganzen Waldungen eines Landes nur mit einer

Holzart besetzt, ich will auch zugeben, daß dieses eine der vorzüglichsten wäre, so würde doch der sich zeigende Mangel vieler anderer Holz= arten, welche Künstler und Handwerker zu manchem Behuf nothwendig brauchen, auffallend sein; diesen zu ersetzen würde auch unnöthiger Weise viel Geld in die benachbarten Länder gehen.

Zu den ersten forstmäßigen Anlagen fremder Hölzer, die man na= turalisiren will, ist schlechterdings nothwendig, gute und tüch= tige Saamen zu erhalten. Unter den nordamerikanischen Holzarten giebt es mehrere, die, wie z. B. die rothe Ceder, von Carolina bis Canada wachsen. Welcher Unterschied bei einer An= pflanzung unter unserm Himmelsstrich wird aber nicht ver= spürt werden, wenn wir uns hierzu in Carolina oder Ca= nada gewachsenen Saamens bedienen. Der erstere wird gekünstelt und nur mit Mühe die ersten Jahre nach dem Aufgang sich erhalten und die daraus erzogenen Pflanzen werden nur nach und nach an unsere Luft gewöhnt werden können, niemals werden sie aber den ihnen eigenthümlichen gesunden und starken Wuchs haben. Hingegen wird die= selbe aus taugbarem canadischem Saamen erzeugte Art der Pflanzen gar nicht empfindlich gegen unsern Winter sein, und wenn wir ihr blos die natürlichste Vorsorge und War= tung schenken, so wird sie freudig darin wachsen und bei uns die Vollkommenheit ihres Wuchses und ein eben so langes Leben erreichen, als in ihrer Heimath. Der Saame von den in Nordamerika vom 41. Grad weiter nördlich wachsenden Holzarten ist daher zu einer wilden Anpflan= zung in Deutschland der schicklichste.

Wer in Deutschland forstmäßig große Anlagen in nordamerikanischen Holzarten anlegen will, um große starke und gesunde Bäume zu erziehen, darf hierzu, wenn er anders seinen Endzweck erreichen will, sich keines Saamens von künstlich und zärt= lich erzogenen Pflanzen in den Gärten bedienen; in dem nördlichen Theile von Deutschland wenigstens würden diese Pflanzen schon die zweite Naturalisirung auszustehen haben und nordamerikanische Riesengeschlechter könnten gar leicht in deutsche Zwerggeschlechter umgeschaffen werden.

Da wir in Deutschland noch nicht selbst von wild angepflanzten und in ihrer Blüthe und Vollkommenheit stehenden Bäumen oder doch nur von sehr wenigen Arten derselben Saamen erhalten können, so ist es zu einem wilden forstmäßigen Anbau nothwendig, den Saamen der ersten Anlagen aus Nordamerika selbst und wohl aufbewahrt überkommen zu lassen.

Der Saame der Tannen, Fichten, Kiefern und aller derjenigen Holzarten, die wir in Deutschland auf unsern Gebirgen und in hochliegenden kälteren Gegenden ansäen wollen, muß sämmtlich in Nordamerika in den Gegenden, die daselbst zwischen dem 43. und 45. Grad nördlicher Breite liegen, gewachsen sein; der Saame anderer Arten aber, die wir in unsern ebenen und wärmeren Gegenden anpflanzen wollen, kann zwischen dem 41. und 43. Grad nördlicher Breite eingesammelt sein.

Wenn wir zu unserer Anpflanzung aber solche Holzarten wählen, die vorzüglich zu Nutz- und Werkhölzern bestimmt sind, als den schwarzen Wallnußbaum z. B., oder solche, die zu einer anderen als lediglich der Holzbenutzung bestimmt sind, wie den rothen Maulbeerbaum; so ist es vortheilhafter, daß wir sie in Baumschulen anziehen und hernach an die für sie bestimmten Oerter auspflanzen; doch müssen wir uns wohl in Acht nehmen, daß der Boden der Schule nicht besser und fetter als derjenige ist, worauf die Pflanzen ausgepflanzt werden sollen.

Die Natur arbeitet nicht immer nach den menschlichen Begriffen von Einförmigkeit, nicht immer veranlaßt ein bloßes Ohngefähr die Ursachen dieser Abwechselungen, sie liegen vielmehr in der Natur selbst und bestätigen nur unsere geringe Kenntniß des Naturreichs. Unsere Systeme sind daher nur Anmerkungen, die zu Leitfäden in diesem unermeßlichen Labyrinthe dienen; durch diese entstehen nähere Untersuchungen, diese geben Anlaß zu Beobachtungen und durch Hülfe dieser werden endlich richtige und gründliche Kenntnisse erworben."

In seinen „Chemischen Briefen" sagt Justus von Liebig: „Wenn man die 12 Bücher von Columella liest und mit unseren Handbüchern der praktischen Landwirthschaft vergleicht, so hat man das Gefühl, wie wenn man aus einer dürren Einöde in einen schönen Garten tritt, so frisch und anmuthig ist alles." Vergleicht man den unfruchtbaren Streit über Naturalisation, wie er großentheils ohne die geringste Kenntniß der eigentlich in Betracht kommenden Gesichtspunkte zum Schaden der Sache in der forstlichen Literatur geführt wird, so trifft der Liebig'sche Ausspruch auch hier vollkommen zu.

Wie einfach, anmuthig und überzeugend ist alles, was Wangenheim vor hundert Jahren schrieb, es ist wahrhaft erquickend, aus der

dürren Einöde der Gegenwart, sich die natürlichen Gesetze und naturgemäße Behandlung der Frage, welche in diesem Sinne auch heute noch
und für alle Zeit ihre völlige Gültigkeit haben, so klar entwickeln zu
lassen.

Wangenheim wurde 1789 Oberforstmeister in Gumbinnen. Was
er als Forstmann leisten konnte, kann hier nicht beurtheilt werden,
Bernhardt sagt von ihm: er gehörte jedenfalls nicht zu den unfähigsten oberen Forstbeamten jener Zeit. Mag dieses zweifelhafte Lob an
sich auch richtig sein, so muß Wangenheim forstbotanisch als klassischer
Schriftsteller hingestellt werden, gerade weil die inzwischen gemachten Erfahrungen ihm in jeder Weise Recht gegeben haben, — es ist Pflicht, dieses voll
und ganz anzuerkennen und diesen Mann in seiner Bedeutung aus
der Vergessenheit hervorzuziehen. Das Buch hat einen ganz unzweifelhaften Werth, denn sein Inhalt beruht auf eigenster Beobachtung und
Erfahrung, welche der Autor jahrelang in Amerika zu sammeln Gelegenheit gefunden, es ist dasselbe in der Anordnung, Zusammenstellung, in
der Bearbeitung des Stoffes klar, übersichtlich und mustergiltig in jeder
Beziehung.

Ein anderer Autor trat schon etwas früher als Wangenheim
auf. Im Jahre 1772, also fünfzehn Jahr früher als dessen „Beiträge",
erschien zu Braunschweig das berühmte Buch: „Die Harbkesche wilde
Baumzucht theils nordamerikanischer und anderer fremder, theils einheimischer Bäume, Sträucher und strauchartiger Pflanzen, beschrieben
von Dr. Johann Philipp du Roi" und gewidmet den um die Einführung der aus dem östlichen Nordamerika um die Mitte des vorigen
Jahrhunderts verdienten Männern, dem regierenden Fürsten Friedrich
Albrecht zu Anhalt, Friedrich August von Veltheim zu Harbke
und Otto von Münchhausen zu Schwöbber.

Die Beschreibung der in Harbke gepflanzten Bäume und ihre Entwickelung auf deutschem Boden einem größeren Publikum mitzutheilen,
war die Veranlassung zur Herausgabe dieses ausgezeichneten Buches.
Es unterscheidet sich von dem Wangenheim'schen Buche wesentlich
dadurch, daß, während dieser seine in Amerika gesammelten Erfahrungen
mittheilt, du Roi seine Beobachtungen großentheils an den bereits in
Deutschland vorkommenden Exemplaren der ausländischen Arten angestellt hat und diese beschreibt. In dem Vorberichte heißt es: „Berichte
also, die wahrhaftig sind, die von mehr als einer Erfahrung und öfteren
Versuchen reden, welche Gründe unterstützen und deren guter Erfolg sich
praktisch vorzeigen läßt, die sind es eigentlich, welche gefordert werden.
Ich habe vor andern bei meinem fünfjährigen Aufenthalte hieselbst

(in Harbke) die Gelegenheit gehabt, solche Erfahrungen einzusammeln, sie haben mir wiederum Gelegenheit gegeben, sie nachdenkend zu erwägen, sie bald einzuschränken, bald zu erweitern, nachdem sie es erforderten.

Seit zwanzig Jahren ohngefähr haben der schnelle Wuchs nordamerikanischer Bäume und ihre Dauer unter unserem Himmelsstriche die Liebhaber auf sie besonders Acht geben lassen.

Man bewundert ihre Verschiedenheit und den geringen Zeitraum, in welchem sie heranwachsen, ein natürlicher Trieb der Neugierde wird rege, man wünscht dergleichen zu besitzen und man stellet mit ihrem Anbau Versuche an.

Soviel bleibt gegründet, nicht alle für uns seltene Pflanzen haben für die einheimischen Vorzüge, und man muß daher nicht für dieselben zu sehr eingenommen sein und sich alle Vortheile von ihnen versprechen, indem man sie sämmtlich den andern Arten vorziehet. Der Erfolg allein sagt uns die Wahrheit.

Indessen kann man nicht läugnen, daß nicht einige unter ihnen einen besonders starken Wuchs zeigen sollten, unter die z. B. die rothen virginischen und kastanienblättrigen Eichen, der amerikanische Platanus, die rothen virginischen und eschenblättrigen Ahorne, die Weymouthskiefer und kanadische weiße Fichte gehören. Dergleichen Bäume verdienen angepriesen zu werden, sie sind für die Zukunft nutzbar. Ein praktischer Forstmann möchte hier sagen, und es geschiehet in der That oft, daß er zwar gegen den geschwinden Wuchs dieser Arten nichts einwenden könne, es früge sich jedoch, ob unter den nordamerikanischen und anderen fremden Arten in der That welche wären, die uns vor den deutschen Bäumen wahre Vortheile liefern werden?

Und diese Frage beantworte ich mit Ja. Die Weymouthskiefer (Pinus Strobus), die kanadische weiße Fichte (Pinus canadensis), der nordamerikanische Platanus (Platanus occidentalis), die schwarze Wallnuß (Juglans nigra), der virginische Schotendorn (Robinia pseudacacia), die weiße Ceder (Cupressus thyoides), die rothe Ceder (Juniperus virginiana), der nordamerikanische Lebensbaum (Thuya occidentalis) u. a. m., alle diese Bäume, die durch die Güte des Holzes und ihre Brauchbarkeit unsere Forsthaushaltung nutzbarer machen."

Nur die Weymouthskiefer und die Akazie haben von allen in dem du Roi'schen Buche erwähnten Arten forstliche Berücksichtigung gefunden und, es sei hier mit besonderem Nachdruck hervorgehoben, haben sich beide in ihrer Weise bewährt; nicht daß sie unentbehrlich wären, aber sie sind doch beide am rechten Platze nützlich, sie besitzen Eigenschaften, die unseren einheimischen Holzarten abgehen, und haben sich als anbauwürdig erwiesen, namentlich die Weymouthskiefer. Alle anderen von du Roi genannten, namentlich die werthvollen Hickory, schwarze Wallnuß, Ahorn u. s. w., sind nirgends forstlich versucht worden. Die Harbke'schen Pflanzungen selbst weisen nicht mehr das auf, was sie höchst wahrscheinlich noch zu Anfang dieses Jahrhunderts enthalten haben werden und abgesehen von einigen sehr interessanten Bäumen in mächtigen Exemplaren, welche ich dort im Juni 1880 gesehen habe, durfte nach du Roi's Beschreibungen dort mehr erwartet werden. Daß in Harbke im Laufe dieses Jahrhunderts manches verschwunden sein muß, dafür haben wir das zwar wenig bekannte, aber sehr interessante Zeugniß Goethe's, welcher im Jahre 1804 Harbke besucht hat. Er spricht in seinen „Annalen" von einem wohlbestandenen Wald von Weymouthskiefern, ansehnlich hoch und stark gewachsen, „und konnte man in der Forstabtheilung dieser amerikanischen Gewächse bei jeder Baumgattung die Absicht des vorsorgenden Ahnherrn wahrnehmen."

Von diesem Weymouthskiefernbestande habe ich nichts mehr gesehen. Die Collection amerikanischer Bäume in Destedt, dem Herrn Hofjägermeister von Veltheim gehörig, ist sehr reichhaltig und enthält prächtige Bäume.

Ein forstlicher Schriftsteller, der sich auf diesem wenig bearbeiteten Gebiete in jener Zeit hervorgethan hat, war Friedrich August Ludwig von Burgsdorf, königlich preußischer Forstrath der Mittel- und Untermark. Sein „Versuch einer vollständigen Geschichte vorzüglicher Holzarten" erster Theil „Die Buche" erschien im Jahre 1783 mit einer Vorrede von Professor Gleditsch. Der zweite Theil, und nur dieser interessirt uns für die vorliegende Frage, erschien 1787 unter dem Titel „Die einheimischen und fremden Eichenarten". Der Verfasser, inzwischen Geheimer Forstrath geworden (später Geheimerrath und Oberforstmeister der Kurmark Brandenburg), widmete diesen Theil dem Könige Friedrich Wilhelm II. von Preußen. Ihm ist vielfach der Vorwurf gemacht worden, daß es ihm bei dieser Sache mehr um seine eigenen als um Förderung allgemeiner Interessen zu thun gewesen sei. Daß er von den Forstleuten seiner Zeit ungünstig beurtheilt wurde, darf nicht Wunder nehmen, denn deren Abneigung gegen alles Fremde war damals eine ganz allgemeine, wie sie ja auch heute noch nicht verschwunden ist. In dem Vorbericht „Zur Beschreibung einiger nordamerikanischen Holzarten" (Göttingen 1781), datirt New-York vom Mai 1780, schreibt Wangenheim: „Glücklich schätze ich mich, wenn dieser Aufsatz soviel wirket, daß geringere Forstbediente in Deutschland, die größtentheils

einen eingewurzelten Haß wider den Anbau fremder und
nicht einheimischer Holzarten zeigen, hierdurch ihr Vorurtheil ver=
lieren." Nur durch diese alte eingewurzelte Opposition läßt sich überhaupt
diese Verschleppung erklären, nur hierdurch, daß vielfach die thatsächlich bei
uns vollkommen aushaltenden und werthvolles Holz liefernden Arten nach
hundert Jahren immer noch als unbrauchbar betrachtet werden. Bern=
hardt sagt in seiner Forstgeschichte in dem Capitel, wo er über die
Forstbotaniker und Burgsdorf spricht: „Es muß hier wiederum darauf
aufmerksam gemacht werden, daß es fast in allen bis jetzt berührten
Fällen Nichtforstleute waren, welche die Ausbildung der Forstbotanik
übernahmen. Man sieht, wie sehr das Jägerthum überall zurückblieb,
man spottete in den Kreisen der Empiristen über die Subtilität gewisser
Gelehrten u. s. w. u. s. w." Mit Recht sagt Bernhardt weiter, über
die verschiedenen Urtheile, welche über Burgsdorf's Charakter und
Leben gefällt sind, hinweggehend: „Wir haben es hier mit dem Forst=
botaniker Burgsdorf zu thun. Sein Verdienst ist es, dasjenige klar
und in verständiger Begrenzung zusammengestellt zu haben, was dem
Forstmanne noththat."

Wenn einer nur für seine eigene Tasche arbeitet, sucht er sich meines
Erachtens nicht ein so weites und schwieriges Feld für seine Thätigkeit
aus, deren finanzielles Ergebniß immerhin als ein sehr zweifelhaftes
bezeichnet werden muß, die aber andererseits mit einer ganz erstaunlichen
Mühe verbunden war, welche in erster Linie nur aus Interesse an der
Sache erklärt werden kann.

Stellt man sich die schwerfällige, zeitraubende und wirklich com=
plicirte Art der Samenbeschaffung aus Amerika und diejenige von
Pflanzen aus England zu Ende des vorigen Jahrhunderts vor, sieht
man, wie Burgsdorf nach vielen Versuchen aus Londoner Bezugs=
quellen schließlich sich mit dem berühmten Conrad Lobbiges, einer
Autorität in seinem Fache, dessen großes Pflanzenetablissement, von seinen
Nachkommen geleitet, bis in die zweite Hälfte dieses Jahrhunderts
bestanden hat, in Verbindung gesetzt hat, liest man ferner, wie er „mit
vielen Kosten sehr geschickte Leute ausrüstet", um in Amerika Samen zu
sammeln, so muß ich offen meine Bewunderung vor dieser Thätigkeit
und weitblickenden Unternehmung aussprechen, mit welcher er sich der
Einführung fremder Holzarten aus Amerika über England widmete, und
trotz der Schwierigkeiten, von denen wir uns kaum eine Vorstellung zu
machen vermögen, erfolgreich ausführte.

In diesem Buche, sowie in der später erschienenen „Anleitung zur sicheren Erziehuug" ist die Zusammenstellung der damals bekannten Arten, die Nomenclatur mit Quellenangaben der französischen, englischen und deutschen Literatur, alles so sorgfältig und ausführlich behandelt und übersichtlich dargestellt, und, was doch die Hauptsache, ist in den Grundzügen durchaus correct, daß die Motive, welche ihn zu dieser Thätigkeit veranlaßten, uns ganz gleichgiltig sein können.

Er ist ein guter Beobachter und die selbstgewonnenen Erfahrungen, die sich namentlich auf die ungünstigen Resultate beziehen, sind so vollkommen richtig, daß ich auch von ihm einiges hier mittheilen werde. Sein, sowie Wangenheim's Buch erschienen beide im Jahre 1787, was für die Selbstständigkeit des Burgsdorf'schen Werkes und der darin niedergelegten Ansichten spricht.

„Aus den vortrefflichen Geschichten von Amerika, die von aufmerksamen und gelehrten Naturforschern und Oekonomen bekannt geworden sind, welche ihre Reisen nach jenem Welttheil mit forschenden Blicken zum Besten Europas überhaupt, ihrer Vaterländer aber insbesondere gethan haben, ist uns schon längst die Beschreibung der mehresten nordamerikanischen Eichen zu Händen gekommen.

Vermögende Kenner und Liebhaber des Pflanzenreiches haben sich diese fremden Arten angeschafft, unter den Leitfaden jener Theorie unterhalten und beobachtet. Hieraus ist zugleich gewisse Erfahrung bei uns verbreitet worden, wofür allgemein recht viel Dank gebühret.

Unter den Deutschen haben sich in der Zucht, Beobachtung und Beschreibung der fremden Hölzer — ein Münchhausen und du Roi ganz besonders hervorgethan, und sie sind ohnbezweifelt als classische Schriftsteller hierin zu betrachten, da sie die Bahn der Bestimmungen gebrochen haben, der letztere aber die vollständigsten bis jetzt bekannten Beschreibungen geliefert hat.

Es ist nun weit leichter, auf solchen guten Wegen weiter nachzugehen und bei eigener Erfahrung in dieser Wissenschaft Fortschritte zu thun, auch das Allgemeine vom Besondern zu scheiden, und jeden Umstand, mit andern verglichen, da anzuwenden, wo er nach einer systematischen Ordnung mit Nutzen in die Augen fällt.

Diese Vortheile stehen fast bei allen denen Holzarten zu erwarten, welche zu der Zeit in Harbke befindlich waren, als mein Freund du Roi die Schwierigkeiten genauer Kenntniß hob. Bei denen, diesem großen Beobachter fremd gebliebenen Sorten ist aber das Unternehmen nicht leicht, weil man genöthigt ist, wie er, sich Erfahrung, Sachkenntniß und eine große Theorie aus allen fremden Werken zu erwerben. Es ist dieses bei manchen ausländischen Eichenarten der Fall, die Beschreibung und Nachricht von ihren Vaterländern und gewöhnlichen Ständen setzt alles dieses voraus.

In Absicht des Forsthaushaltes schränke ich mich überhaupt auf sehr wenige fremde Holzarten und zwar auf solche ein, die entschiedene Vorzüge vor unseren einheimischen haben. Man muß inzwischen aber auch billig sein und den Liebhabern der Baumzucht nicht verdenken, wenn sie im Kleineren mehrere fremde Arten unterhalten, um durch sorgfältige Beobachtungen und Versuche (unter den dazu nöthigen Kenntnissen) allerlei Vortheile zu entdecken, deren so viele uns verborgen sein würden, wenn niemand sich die Mühe gegeben hätte, fremde Gewächse einzuführen, welches doch so oft zur offenbaren Bereicherung des Staates gereichet.

In der schönen und nützlichen Baumzucht würden schon weit größere, von edeln Patrioten gewünschte Fortschritte gethan worden sein: wenn nicht überall die Gelegenheit fehlte, gute, frische Samen mannigfaltiger Holzarten in gehöriger Auswahl, nach Beschaffenheit des Klima und mit sicherer Anleitung zur Behandlung und Kultur jeder Art, zu rechter Jahreszeit, in aufrichtigen Sorten zu bekommen.

Durch Betrug und durch vergebliche, aufs Gerathewohl angestellte Versuche mit fremden und einheimischen Holz= samen sind viele Liebhaber abgeschreckt worden, sich ferner selbst etwas zu erziehen.

Es verstehet sich übrigens von selbst, daß wir bei jetziger Noth= wendigkeit, die kostbaren Samen kommen zu lassen, nicht gleich ganze Wälder von amerikanischen Eichen anzulegen, sondern nur im Kleinen und zum Verpflanzen davon Anlagen zu machen haben, um zuvörderst tragbare Bäume zu erziehen (das heißt, die Holzarten naturali= siren), wodurch wir uns in der Folge, wie mit mehreren fremden Bäumen und Gewächsen überhaupt der Fall ist, im Stande sehen, mit Nutzen auf leichte Art ins Größere zu gehen.

Aber es giebt auch immer noch solche, welche durch Gärtnerränke und Faulheit ihrer Leute getäuschet und um das gute Gedeihen ihrer Saaten gebracht werden, weil sie alles, ohne selbst unterrichtet zu sein, unwissender und öfters boshafter Behandlung Preis gegeben haben. Der Tadel meines Institutes von solchen Personen wird bei billig den= kenden und aufgeklärten Kennern nichts erheben, denn das gute Gedeihen in den Händen derjenigen, die gehörig und vorsichtig nach meiner

Anleitung bei ihren Anlagen zu Werke gegangen, sind be=
zeuget und beweiset die Richtigkeit der Anleitung und die
Güte der gelieferten Samen, womit jedermann ohnehin die gehörige
Prüfung anstellen zu können, unterrichtet ist.

Die wirkliche Unwissenheit und der daher gewöhnlich folgende schlechte
Fortgang der Pflanzungen haben bei vielen den Ekel wider das Pflanzen
überhaupt erreget. Der Verlust an Zeit und Geld ist aber denen=
jenigen vielmehr selbst zuzuschreiben, die nur alles auf ein
blindes Gerathewohl, ohne Belehrung und Gründe — und
also wider die Natur der Sache — unternehmen. Eben die=
jenigen, welche das Baumpflanzen durchaus verachten und unter allen
Umständen die Saat (welche ihnen eben nicht besser gelingt) vor=
ziehen, sprechen freilich aus Erfahrung, weil sie planlos und ohne
Kenntniß gewühlet und nichts erzeuget, also nur erst die be=
trübten Folgen ihrer Fehler — ohne die Ursachen zu wissen — erfahren
und gefühlet haben!

Elend ausgeschriebene, durch Druckfehler vermehrte
und verbesserte einzelne Anweisungen zur Holzkultur
werden nie Nutzen stiften, noch diese Wissenschaft auf einen festen
Fuß setzen, welche, wie alle übrigen, auf eigene, sichere und unumstöß=
liche Gründe gebauet werden muß, folglich der Unterricht darin weder
wider die Vernunft= noch Naturlehre anstoßen darf, indem er Lokal=
umständen angepasset wird.

Wenn erst viele Jahre ohne hinlängliche praktische Belehrung ver=
geblich gearbeitet, Kosten verwendet, üble Folgen und Erfahrungen ge=
sammelt, wieder andere unsichere Versuche gemacht worden — tritt end=
lich Mißtrauen und Widerwille ein, und man ist abgeschreckt,
etwas nach sichern Gründen zu unternehmen. Ich befürchte
zum Voraus, daß diese Blätter in die Hände keiner geringen Menge
solchergestalt getäuschten Liebhaber kommen und da — fruchtlos liegen
bleiben dürften, bis fremde Beispiele vom Erfolge dieser richtigen Grund=
sätze sie von neuem mit Liebhaberei beseelen, diese in ihnen Vorurtheile
zerstreuen und sie dann den rechten Weg führen werden, der ihrer neuern
Absicht entsprechen kann.

Die eingebildeten Bedürfnisse immer auswärts, zu theuren Preisen,
von schlechter Beschaffenheit, ohne Auswahl, ohne Rücksicht, ob
sich diese oder jene Art auch für uns schicke, von öfters ge=
winnsüchtigen Handelsleuten unter falschen Namen zu
kaufen und die Gärten auf eine kurze Zeit mit solchem Un=

traute zu besudeln, will ich nicht entscheiden, sondern nur allen Gartenbesitzern bloß zu Gemüthe führen!

Weitläufige Verzeichnisse von Gewächsen, welche weder er noch sein Verkäufer kennt, barbarische Namen, Unsinn der Stellung gegeneinander, der Wasserbäume auf dürre Sandhügel, der Bergbäume aber in die Niederung, afri= kanische, südamerikanische und südeuropäische Bäume und Sträuche ins nördliche Klima auf das freie Land gepflanzt, Verwunderung, daß das alles nicht glücklich gehen will, sind mir nur allzuoft vorkommende Dinge, über welche. ich mich nicht wundere, weil es mir auffallend begreiflich ist, daß die so wohlthätige als hartnäckige Natur sich nicht bequemen wird, Gesetzen zu gehorchen, die sie nicht selbst gegeben hat." Ist das alles nicht auch noch für die Gegenwart in jeder Beziehung zutreffend?

Auch heute nach hundert Jahren findet vorwiegend dieselbe fehler= hafte Behandlung statt, werden die Gärten aufs „Gerathewohl" mit allerlei nicht aushaltenden Arten „besudelt" und wird in Folge dessen ein endloser Streit zum Schaden der Sache geführt. Man kann die gegenwärtige Situation nicht besser schildern wie Burgsdorf es vor hundert Jahren gethan!

Burgsdorf ist so wenig wie Wangenheim und du Roi ein Schwärmer, er geht durchaus nüchtern zu Werke, „es sind nur wenige, eigentlich bewährte, schätzbare und vorzügliche amerikanische Baumarten, welche sich zu glücklichen deutschen Forstunternehmungen schicken", und hier nennt ersterer vornehmlich diejenigen des östlichen Amerika, mit denen jetzt von Staatswegen Versuche angestellt werden, — das nordwestliche Amerika war damals in dieser Beziehung noch nicht erschlossen. Er betont ausdrücklich, daß nur wenige (im Hinblick auf die große Zahl amerikanischer Arten) allgemeine Vorzüge vor den unsrigen haben, und diese den Fremden in Absicht der Nutzbarkeit und Güte des Holzes den Rang nicht einräumen würden. Aber nicht die Qualität des Holzes allein bedingt die Anbauwürdigkeit einer Art, wie Wangenheim dieses so treffend ausführt, sondern auch ihre Genügsamkeit, ihre Fähigkeit, auf sehr verschiedenen Bodenarten zu gedeihen und manches andere kommt hier in Betracht.

Am Schlusse dieses Buches giebt er ein Verzeichniß der damals bekannten Bäume und Sträucher, welche im mittleren Deutschland im Freien fortkommen können, es enthält dasselbe 674 Namen.

Leider hat der mit weitem Blick begabte Verfasser sich über die un=

mittelbare Wirkung seiner Bestrebungen getäuscht, wenn er geglaubt hat, daß diese Sache „die nun im Großen ganz unerschütterlich dasteht", ihren ungehinderten Fortgang nehmen würde. Und wenn daran auch die zu Anfang dieses Jahrhunderts herrschenden Kriege und die allgemein traurigen Zustände in Deutschland ihren Antheil gehabt haben mögen, die auf eine derartige Bestrebung doppelt schädigend wirken mußten, da diese neue Sache eben erst ins Leben gerufen und das Interesse dafür erweckt worden war, so ist man andererseits doch berechtigt zu sagen, daß Burgsdorf mit seinen Ideen ein Jahrhundert zu früh gekommen war, und vieler Kämpfe beburfte es, freilich mit etwas besserem und überzeugenderem lebenden Material als Beweis für die Richtigkeit der Frage. Diese Beweise stammen zum Theil zweifellos aus den von Burgsdorf verbreiteten Samen und Pflanzen, wenn auch von seinen eigenen Pflanzungen in Tegel nur noch einige wenige, wenn auch kräftig für ihn zeugende Bäume vorhanden sind; es waren etwas erweiterte Anschauungen an maßgebender Stelle nöthig, bis endlich durch Zusammentreffen verschiedener außerordentlich günstiger Umstände diese Frage bis zu einem gewissen Abschluß gebracht werden konnte.

Nicht als Unbescheidenheit wird es ausgelegt werden können, und zwar umsoweniger, da es in den Rahmen dieser historischen Skizze gehört, wenn ich pietätvoll hier des Antheils gedenke, welchen meine Vorfahren an der Entwickelung und Verbreitung ausländischer Holzarten in Deutschland und dem Norden gehabt haben. Verzeichnisse aus dem vorigen Jahrhundert in vier Sprachen gedruckt weisen unter nordamerikanischen Arten bereits folgende auf: Pinus balsamea, Populus monilifera, Quercus coccinea, Acer saccharinum, Gleditschia triacanthos, Juniperus virginiana, Liriodendron tulipifera, Thuya occidentalis und Pinus Strobus, — ums Jahr 1810: Acer Negundo, Betula lenta, Bignonia Catalpa, Carpinus virginiana, Taxodium distichum, Fraxinus nigra, Fr. americana, Fr. pubescens, Gymnocladus canadensis, Juglans nigra, Salisburia adiantifolia (Japan) Ulmus americana und eine Menge andere amerikanische Arten, im Ganzen 440 fremde Bäume und Sträucher; 1815 war diese Zahl auf 520 gewachsen, 1821 auf 920, 1828 auf 1300 und 1831 auf 1500, in diesem Jahre, also vor 51 Jahren die erste Art aus dem nordwestlichen Amerika: die Douglasfichte.

Im Jahre 1841 hatte mein verstorbener Vater auf der Versammlung der Land- und Forstwirthe in Doberan eine hundert Arten und Abarten von Nadelhölzern enthaltene Collection dorthin gesandt, ein be-

schreibendes Verzeichniß begleitete dieselbe. Näheres findet sich darüber
in den Protokollen der Sitzungen der forstlichen Sektion zu Doberan.*)
Sodann erschienen von demselben „Notizen über einige exotische Wald=
bäume, der Versammlung deutscher Land= und Forstwirthe am 4. Sep=
tember 1843 zu Altenburg gewidmet," abgedruckt in den Protokollen.**)
Von den jetzt zu officiellen Versuchen bestimmten finden sich damals schon
unter den Nadelhölzern: Pinus Laricio, Pinus rigida, Pinus ponderosa,
Pinus Strobus, Abies Douglasii, Picea Sitchensis (Menziesii) und
Abies Nordmanniana, unter den Laubhölzern: Betula lenta, Fraxinus
pubescens, Quercus rubra.

Ein frühzeitiger Tod meines Vaters im Jahre 1847 machte von hier=
aus vorläufig diesen Bestrebungen ein Ende. Das reiche Material, von
ihm gepflanzt, wuchs inzwischen heran, und mit besseren Waffen ausgerüstet
ist es mir vergönnt gewesen, das was er erstrebt und gewollt, bis zu
einem vorläufigen Abschluß gebracht zu haben. Sehen wir uns aber
erst nach dem weiteren Verlauf dieser Frage um zwischen 1847 und 1877.
Wenn zunächst von den Gegnern dieser Materie immer behauptet wird,
daß namhafte deutsche Forstautoritäten sich gegen den Anbau fremder
Holzarten ausgesprochen hätten, so documentiren sie in erster Linie ihre
Unkenntniß, da Wangenheim's und die Publicationen anderer vorher
von uns erwähnten Autoren für sie nicht zu existiren scheinen. Man
beruft sich stets auf Cotta, Pfeil und Hartig. Das wenige, was
sich über diese Frage in ihren Schriften findet, ist wesentlich gegen
die überschwenglichen Berichte mancher Schriftsteller über die
fremden Arten gerichtet. Heinrich Cotta hat den Bestrebungen
meines Vaters, mit dem er in Beziehungen gestanden hat, warmes
Interesse gespendet, und nirgends findet der klassische Ausspruch
dieses liebenswürdigen Mannes eine treffendere Anwendung als hier:
„Wir müssen die Erfahrungen Vieler, von vielen Jahren, aus vielen
Gegenden, unter mannigfaltigen Umständen sammeln, zusammenstellen,
aus ihnen Hauptregeln ableiten, Grundsätze aufstellen und diese modifi=
ciren lernen." Es muß aber auch gestattet sein zu fragen, ohne dem An=
sehen dieser Männer irgendwie zu nahe treten zu wollen, worauf sich die
von den Gegnern citirten Aussprüche jener sonst noch gründen? Sind
irgendwo systematische Versuche, — und doch nur um solche darf es
sich handeln, — angestellt worden, so weise man mir die Orte, wo sie ge=

<hr>

*) Neue Jahrbücher der Forstkunde vom Oberforstrath Freiherrn v. Wede=
lind. 23. Heft. Darmstadt 1841.
**) Ebendaselbst 27. Heft. 1843.

macht sind, nach, und bei den schreibluftigen Behörden wird und muß sich doch auch irgend etwas in den Archiven oder sonst in Fachschriften finden. Man weise mir nach, wann in früheren Jahren Circular-Verfügungen des Finanz-Ministers, zu dessen Ressort bis vor wenigen Jahren die Forste gehörten, ausländische Holzarten betreffend, erlassen worden sind, in der Art, wie es in den Jahren 1880 und 1881 von dem Herrn Staatsminister Dr. Lucius geschehen ist.*) Wiederholt habe ich seit Jahren öffentlich um Belehrung über diesen Punkt gebeten, ohne irgend eine Antwort, die über allgemeine Redensarten hinausgegangen wäre, erhalten zu haben. Ich kann deßhalb auch, bis mir nicht aus den Acten der bündige Beweis über derartige mißlungene Versuche in Betreff des forstlichen Anbaues erbracht ist, ein solch summarisches Urtheil wie es sich in Pfeils letztem Werke „Die deutsche Holzzucht" (herausgegeben von seinem Sohne 1859) findet, nicht gelten lassen. Daß Pfeil kein Freund fremder Holzarten war, wissen wir. Bernhardt sagt „Pfeil beurtheilt Burgsdorf falsch und ist in der ganzen Frage nicht objectiv genug; Ratzeburg verfällt dem ungünstigen Urtheile Pfeils gegenüber in den entgegengesetzten Fehler." Die Acazie und Weymouthskiefer, sagt Pfeil, können unter gewissen Verhältnissen angezogen werden, und werden über diese dann nähere Angaben gemacht. Weiter heißt es: „Von den besonders aus Nordamerika eingeführten fremden Holzarten hat sich keine als Waldbaum für die deutschen Forsten als benutzbar gezeigt, soviel Erwartungen man von mehreren von denselben auch eine Zeitlang hegte, und eignet sich keine einzige weiter zum Anbau in unseren deutschen Wäldern."

Um Resultate über forstlichen Anbau und forstliches Verhalten zu gewinnen, bestimmt der 1881 von dem Verein forstlicher Versuchsanstalten genehmigte Arbeitsplan, daß solche Flächen für eine Art mindestens 25 Ar groß sein müssen.

Deßhalb stelle ich hiermit die wiederholte Anforderung an diejenigen, welche das Pfeil'sche Urtheil in dieser Frage zu ihrem eigenen machen, mir nachzuweisen, wo solche Versuchsflächen mit den amerikanischen Arten angelegt sind, und wann. Andererseits aber verweise ich auf die außerordentlich große Zahl exotischer Bäume, welche sich im ganzen deutschen Vaterlande als prächtige Einzelbäume auch in kleinen Beständen nach der von der Hauptstation für forstliches Versuchswesen durch den Ober-

*) Jahrbuch der Preußischen Forst- und Jagdgesetzgebung und Verwaltung. Herausgegeben von Dr. Danckelmann. 1881/82. Berlin.

forſtmeiſter Dr. Danckelmann ausgegangenen Enquête, zerſtreut vor=
finden, — das hieraus gewonnene Reſultat hat alle Erwartungen über=
troffen.

Kann ich nun ſchon das Pfeil'ſche Urtheil über die damals be=
kannten Arten, bis auf beſſere Begründung, nicht gelten laſſen, ſo muß
ich mich aber auf's allerentſchiedenſte dagegen erklären, daß man auch
noch für die nach Pfeil's Tode bekannt gewordenen Arten (namentlich
aus Nordweſtamerika und ſeit den ſechsziger Jahren aus Japan) ſein
ablehnendes Urtheil in Anſpruch nimmt.

Die Anhänger deſſelben ſollten dieſes überhaupt lieber auf ſich be=
ruhen laſſen, da es Pfeil's Ruhm nicht erhöhen kann; es aber auch
noch auf die ihm unbekannt gebliebenen Arten auszudehnen, iſt eine Un=
ehre, welche ſie auf das Andenken eines würdigen Todten werfen, denn
man läßt ihn ein Urtheil fällen über Dinge, die ihm nachweislich un=
bekannt waren und unbekannt ſein mußten, da ſie zu ſeinen Lebzeiten
noch nicht entdeckt waren.

Auch auf dieſen Punkt habe ich wiederholt öffentlich aufmerkſam ge=
macht, ohne daß es den Gegnern gefallen hätte, ſich dieſes zu bemerken:
ſie fahren fort, Pfeil's Urtheil ganz allgemein zu citiren und vergreifen
ſich fort und fort an der Ehre eines Verſtorbenen. Wo bleibt die viel=
geprieſene deutſche Gründlichkeit und — Ehrlichkeit?

Wie man aber auf der einen Seite in ungehöriger Weiſe Autori=
täten citirt, ſo wird andererſeits das, was zur Aufrechthaltung dieſer
falſchen Theorie nicht dienlich ſcheint, (oder in vulgärer Sprache ausge=
drückt) „nicht in den Kram paßt" — verſchwiegen, und ſo iſt die oft
gehörte Redewendung entſtanden, daß kein namhafter deutſcher Forſtmann
„ſchriftſtelleriſch" ſich für dieſe Anbauverſuche ausgeſprochen hätte. Einer
der vorzüglichſten forſtlichen Schriftſteller Deutſchlands, hervorragend in
der Praxis wie in der Feder, Feind aller unfruchtbaren Theorie, war
der verſtorbene Burckhardt. Seit 25 Jahren bin ich mit ihm in
vielfachem ſchriftlichen und perſönlichen Verkehr geweſen, und kann aus
allereigenſter Erfahrung ſein Intereſſe bekunden, welches er an der Ent=
wickelung dieſer Frage genommen hat. Daß er von derſelben, die doch
eine wenig bekannte und bis dahin noch nicht zum eigentlichen Forſtfache
gehörig, ja gewiſſermaßen immer von dieſem ferne gehalten war, anfäng=
lich ſelbſt wenig wußte, war natürlich, er glaubte ſich aber nichts zu
vergeben, wenn er bei denen lernen wollte, deren eigentlicher Beruf die
Naturaliſation fremder Holzarten war. Schon vor 20 Jahren habe ich
wiederholte Aufforderungen, das mir zur Verfügung ſtehende reichhaltige
Material im Intereſſe der Frage zu publiciren, ſowie ſpäter über die=

selbe Beiträge für die „Blätter aus dem Walde" zu liefern, ablehnen zu müssen geglaubt, weil meine eigenen Kenntnisse und Erfahrungen noch lange nicht reif genug waren.

Man kann also sehr wohl ein großes Interesse an einer Sache haben, von ihrer Richtigkeit überzeugt sein, ohne grade selbst die nöthige Kenntniß zu besitzen und schriftstellerisch dafür eintreten zu können.

Daß Burckhardt sich aber viel und eingehend mit den fremden Arten beschäftigt hat, das beweist die letzte Auflage seines „Säen und Pflanzen". Man nehme die erste Auflage vom Jahre 1854 zur Hand und vergleiche sie mit dieser letzten. Man stelle das alle fremden Arten principiell verdammende Urtheil Pfeil's der eingehenden Behandlung jener im Burckhardt'schen Buche gegenüber. Wie er bei der Eiche, Esche, Ahorn, Ulme, Birke und unseren Nadelhölzern stets die hauptsäch= lichsten Repräsentanten aus Amerika nennt, die meistens unser Klima vollkommen aushalten, man lese seine Bemerkungen über Juglans nigra, Abies Nordmanniana, Juniperus virginiana, Douglasfichte und Wey= mouthskiefer, „welche weniger zum Anbau im Großen, jedoch für be= treffende Fälle ausgezeichnet ist," und man wird mir zugeben, daß Burckhardt im Gegensatz zu Pfeil und anderen dieser Frage nicht feindlich gegenüberstand, wie er denn auch in dem 25 jährigen Zeitraum zwischen dem Erscheinen der ersten und letzten Auflage seines berühmten Buches sich eingehend mit den fremden Arten beschäftigt hat und auch andere aufforderte, ein gleiches zu thun.*) Nur wenige Wochen vor seinem im December 1879 erfolgten Tode, hatte ich noch eine Aufforderung von ihm wegen Mittheilung fremder Holzarten betreffend für die letzte Auflage seines Buches, — er starb, ehe ich ihm das gewünschte senden konnte.

Man wird aber auch ferner zugeben, daß ein seltener Grad von Oberflächlichkeit dazu gehört, zu behaupten, daß kein namhafter deutscher Forstmann sich für die fremden Arten ausgesprochen habe. Daß Burck= hardt sehr vorsichtig und langsam zu Werke gehen wollte, ist nichts anderes, als was auch wir seit Jahren immer und immer wieder be= tonen, und daß er gelegentlich der sich breit machenden Unwissenheit mit seinem Humor derbe die Wahrheit sagen konnte, beweist sein Aufsatz über Pinus Lambertiana, deren Anbau von untergeordneter Seite empfohlen worden war.**) Auch Hartig hat einmal Veranlassung genommen, gegen überschwengliche Anpreisungen der Akazie sich auszusprechen.

---

*) Aus dem Walde VIII. Heft. 1877.
**) Aus dem Walde VII. Heft. 1876.

Burckhardt hätte, das kann ich aus einem langjährigen Verkehr mit Sicherheit behaupten, diesen jetzt in's Leben gerufenen systematischen Anbauversuchen seine vollste Zustimmung zu Theil werden lassen.

Im Jahre 1877 erschien mein Buch über die Douglasfichte und andere nordwestamerikanische Arten. Auf der Versammlung des märkischen Forstvereins in Neubrandenburg 1878 bildete sich in Folge eines Referates über die in diesem Buche erwähnten Arten eine Commission für die Douglasfichte, bestehend aus einer Reihe angesehener Männer, darunter von Forstleuten: Oberforstrath Passow-Schwerin, Oberforstmeister Freiherr v. Nordenflycht-Strelitz, Oberforstmeister v. Waldow, Forstmeister Schmidt und Oberförster Lange, unter dem Vorsitz des Grafen v. Wilamowitz-Möllendorff-Gadow. Von höchster Wichtigkeit aber war es, daß jenes Buch die erste Veranlassung gab, mir die vielverheißende Bekanntschaft mit dem Fürsten Bismarck zu vermitteln. Es schien mir, als ob er der Einzige wäre, welcher mit mächtiger Hand auch diese Jahrhunderte alte verwirrte Frage zu irgend einem gedeihlichen Abschluß zu bringen vermöchte. Nachdem mir in den folgenden Jahren wiederholt die Vergünstigung zu Theil geworden war, mündlich über diesen Gegenstand vortragen zu dürfen, wurde mir der ehrenvolle Auftrag, eine Denkschrift darüber auszuarbeiten. In derselben wurde ausgesprochen, daß es sich lediglich um systematische, nach einem einheitlichen Plane angestellte „Versuche" handele, daß kein Baum unserer einheimischen von den fremden Arten verdrängt werden solle, und daß die Hoffnung ihres Gedeihens auf Grund gemachter Erfahrungen nicht unberechtigt sei. Indem wir sie zu Versuchen anpflanzen, müssen wir von ihnen erwarten

1. daß sie ein absolut besseres Holz liefern als einheimische Arten desselben Geschlechts, oder

2. daß sie in kürzerer Zeit größere Holzmassen, wenn auch geringwerthigere produciren, oder

3. daß sie bei gleicher, selbst geringerer Holzqualität durch ihre Genügsamkeit hinsichtlich der Bodenansprüche, ihrer Verwendbarkeit als Mischhölzer, ihrer Widerstandsfähigkeit gegen Winde oder sonstige Witterungsverhältnisse, oder endlich durch irgend eine andere eigenthümliche Eigenschaft sich besonders von den einheimischen Arten auszeichnen.

Nachdem der Präsident des Staatsministeriums, Fürst von Bismarck, Kenntniß von dem Inhalte genommen hatte, kam die Frage an den Minister für Landwirthschaft, Domainen und Forsten Hrn. Dr. Lucius. Es muß als ein ausnahmsweis glücklicher Umstand bezeichnet werden, daß dieser durch seine früheren ausgedehnten Reisen in Amerika und Japan aus eigener Anschauung die fremden Arten kannte, und so dieser Frage von vornherein mit eigener Erfahrung und Kenntniß der maßgebenden Gesichtspunkte aufs wohlwollendste entgegenkam.*)

In welch' umsichtiger Weise diese Frage vom Herrn Minister aufgenommen wurde und sich unter seiner Directive weiter entwickelte, dafür giebt der die Anbauversuche mit fremden Holzarten behandelnde Abschnitt in dem Bericht**) des Herrn Ministers an den Kaiser Zeugniß, in welchem sowohl die maßgebenden Gesichtspunkte, die geringen und widersprechenden Resultate der Vergangenheit, als auch die Erwartungen für die Zukunft in klarster Weise zum Ausdruck gebracht werden. Da diese officielle Aeußerung von unzweifelhafter Bedeutung für den vorliegenden Gegenstand ist, so lasse ich sie hier in extenso folgen:

„Die stattfindende Einfuhr außerdeutscher Hölzer, von welchen einzelne für bestimmte Fabrikationszwecke durch einheimische Hölzer nicht ersetzt werden können, hat die Frage angeregt, ob es nicht thunlich sei, wenigstens einen Theil dieser fremden Holzgewächse in den inländischen Waldungen heimisch zu machen. Dies würde nicht nur eine Verminderung des Geldabflusses nach dem Auslande, sondern bei dem lebhaften Wuchse der meisten dieser Hölzer auch eine namhafte Steigerung des Material-Ertrages der Forsten zur Folge haben. Die Grenze für diese Versuche liegt hauptsächlich in der Verschiedenheit der klimatischen Verhältnisse, unter welchen die einzelnen Holzarten gedeihen. Für viele Holzarten stehen die klimatischen Grenzen ihrer Standorte fest, für andere fehlt es noch an ausreichenden Erfahrungen, und auf diesen versuchsweisen Anbau in größerem Maßstabe sollen gegenwärtig erheblichere Mittel systematisch verwendet werden. Man wird die Vorsicht gebrauchen müssen, sich auf solche Gegenden zu beschränken, welche von klimatischen Extremen frei sind, und man wird namentlich solche Holzarten wählen müssen, welche eine große klimatische Verbreitung zeigen und demgemäß ein Akkommodationsvermögen besitzen. Zweckmäßig wird es dabei sein, den für Akklimatisationszwecke zu verwendenden Samen aus solchen Theilen des Verbreitungsgebietes zu beziehen, welche hinsichtlich der Witterungsextreme, namentlich in Betreff der Winterkälte, dem deutschen Klima nicht allzufern stehen. Daß bei diesen Bestrebungen auch einige

---

*) Stenographischer Bericht über die Sitzungen im Hause der Abgeordneten. 24. November 1880.

**) Preußens landwirthschaftliche Verwaltung in den Jahren 1878, 1879, 1880. Bericht des Ministers für Landwirthschaft, Domainen und Forsten an Se. Majestät den Kaiser und König. Berlin 1881.

Mißerfolge sich ergeben werden, steht nicht zu bezweifeln, allein jeden=
falls ist der Staat als größter Forstbesitzer durch sein zahlreiches, prak=
tisch und theoretisch geschultes Personal am ersten in der Lage, solche
Versuche in großem — finanziell aber immerhin wenig kostspieligem —
Maßstabe mit Erfolg anzustellen. In Betreff der Erwartungen, welchen
man sich bezüglich dieser Anbauversuche hinzugeben berechtigt ist, darf
nicht unberücksichtigt bleiben, wie bereits eine Zahl von fremden Holz=
arten sich in den vaterländischen Wäldern eingebürgert hat. Weymouths=
kiefer, Robinie, Platane und Roßkastanie sind bereits mit dem besten
Erfolge akklimatisirt. Ein Theil unserer Obstbäume ist ebenfalls von
auswärts eingewandert, und es ist bekannt, daß viele landwirthschaft=
liche Kulturpflanzen den Akklimatisationsprozeß in glücklichster Weise über=
standen haben. Endlich darf nicht übersehen werden, daß sich innerhalb
der Deutschen Waldungen durch künstliche Kultur bedeutende Verschie=
bungen in Betreff des Verbreitungsgebietes der verschiedenen Holzarten
mit günstigem Ergebnisse für die Ertragsfähigkeit fortwährend vollziehen.
Die Fichte ist in der Provinz Hannover aus ihrer klimatischen Heimath
in der Bergregion in die Ebene hinabgestiegen, die ursprünglich den
mittel= und süddeutschen Gebirgen, sowie einigen Waldbezirken Ober=
schlesiens und der Lausitz angehörige Weißtanne lohnt in Ostfriesland
die Mühe ihrer künstlichen Uebertragung dorthin durch außerordentlich
hohe Erträge, und die zur Befestigung der Ostseedünen verwendete
Pinus montana hat aus dem Hochgebirge ihren Weg über Dänemark
dorthin gefunden. Die Lärche endlich, welche in den preußischen Forsten
als ein Fremdling nicht mehr anzusehen ist, verdankt ihre gegenwärtige
Verbreitung der künstlichen Ueberführung aus den Tyroler Alpen.
Gerade das Beispiel der Lärche zeigt aber, wie nothwendig es ist, bei
der Akklimatisation systematisch vorzugehen. Die Vereinzelung der Be=
strebungen beim Anbau dieser Holzart hat die widersprechendsten Urtheile
über deren Anbauwürdigkeit hervorgerufen, und unter Verschwendung
enormer Summen hat fast ein Jahrhundert dazu gehört, um die sich
hieran knüpfenden Streitfragen zur Entscheidung zu bringen. Es er=
scheint deshalb nothwendig, bei den Anbauversuchen mit den jetzt in Rede
stehenden fremden Holzarten, wobei das Augenmerk vorzugsweise auf
Nordamerika, Japan und den Kaukasus gerichtet ist, ein anderes Ver=
fahren, als bisher, einzuschlagen, und es liegt in der Absicht, die Ver=
suche nach einheitlichen Grundsätzen, unter einheitlicher sachverständiger
Leitung unter den verschiedensten klimatischen und Bodenverhältnissen,
sowie unter Festhaltung zuverlässiger Bezugsquellen für Samen und
Pflanzen zur Ausführung zu bringen."

Da diese Frage naturgemäß zum forstlichen Versuchswesen gehört, so kam die fernere Behandlung und Ausführung an den Leiter desselben, den Oberforstmeister Dr. jur. B. Danckelmann, Direktor der Forst=Akademie Eberswalde.

Mit welcher Energie sie in den Händen dieses Mannes gefördert worden ist, trotz der außerordentlich umfangreichen Thätigkeit seines Be=rufes, das kann nur der beurtheilen, der weiß, welche Mühe und Arbeit mit der Einrichtung der Versuchsstationen, mit der Ausarbeitung des Arbeitsplanes und allem sich sonst daraus ergebenden verbunden war. Es kann dieses garnicht hoch genug angeschlagen werden, denn was nützen alle zur Verfügung gestellten Mittel, wenn Kenntniß und ener=gisches Wollen bei der Ausführung mangeln. Ich werde später bei Frankreich zeigen, wie, wenn es dort vor hundert Jahren nicht an der sachverständigen Leitung gefehlt hätte, jenes Land, mit dem Interesse, welches damals dieser Frage seitens des Ministers und maßgebender Persönlichkeiten entgegengebracht worden ist, heute mustergültige Bestände dieser fremden Holzarten aufzuweisen haben müßte. Was zunächst die Wahl der vorläufig in Betracht zu ziehenden Arten betrifft, so hatte ich in einem, auf Veranlassung des Herrn Ministers für die Versammlung des Vereins deutscher forstlicher Versuchsanstalten im September 1880 in Baden=Baden, ausgearbeiteten Referate die folgenden als anbauwürdig bezeichnet:*)

Pinus rigida Mill. (Pitch Pine),
   ,, ponderosa Dougl.,
   ,, Jeffreyii Engelm.
   ,, Strobus L.,
   ,, Laricio Poir.,
Abies Douglasii Lindl.,
   ,, Nordmanniana Link,
Picea sitchensis Carr.,
Cupressus Lawsoniana Murr.,
Thuya gigantea (Nutt.) (Lobbii hort.),
Acer Negundo californicum (Torr. u. Gray),
   ,, saccharinum Wang.,
Betula lenta L.,
Carya alba Nutt.,

---

*) cfr. Feststellung der Anbauwürdigkeit ausländischer Waldbäume. Referat bearbeitet für die Versammlung des Vereins deutscher forstlicher Versuchsanstalten zu Baden=Baden v. 6.—12. September 1880 von J. Booth, Kl. Flottbeck, Berlin. Verlag v. Jul. Springer.

Fraxinus americana L.,

Juglans nigra L.,

Ulmus americana Willd.,

Quercus alba L.,

Nicht die erforderliche Majorität bei der Abstimmung erhielten:

Fraxinus americana,

Ulmus americana,

Quercus alba, auch wurde P. Strobus als bekannt von den Versuchen ausgeschlossen.

Dagegen wurden aufgenommen:

Juniperus virginiana,

Quercus rubra,

Populus monilifera,

Carya porcina, amara, sulcata und tomentosa,

und weiter auf der Versammlung in Braunschweig im Jahre 1881:

Fraxinus pubescens und

Populus serotina.

Wenn auch die Annahme meiner Vorschläge mit im ganzen un=
wesentlichen Modificationen erfolgte, so habe ich den genauen historischen
Hergang hier darlegen zu müssen geglaubt, damit ich nicht auch für die
etwaige ungünstige Entwickelung solcher Arten verantwortlich gemacht
werden kann, deren ursprüngliches Hereinziehen in das Bereich der Ver=
suche nicht von mir ausgegangen ist.

Der schnelle und große Erfolg, welchen diese Sache im Jahre 1881
errungen, kann einigermaßen für die langsame Entwickelung während
des verflossenen Jahrhunderts entschädigen, wenn auch der aus der bis=
herigen Nichtbeachtung entstandene Verlust nicht wieder eingeholt werden
kann.   Das Burgsdorf'sche Wort: „Die Sache steht unerschütterlich
fest" vor hundert Jahren ausgesprochen, mag jetzt, nachdem der Fürst
Bismarck, der Minister Lucius und der Oberforstmeister Danckel=
mann sich derselben thatkräftig angenommen und sie zur Ausführung
gebracht haben, mit Recht angewandt werden, und die Nachkommen
werden es diesen zu danken haben, wenn dermaleinst in Deutschlands
Wäldern auch noch andere werthvolle Holzarten, außer unseren eigenen,
forstmäßig mit Erfolg angebaut werden.

Seit dem 16. Jahrhundert Besitzer von Canada, hatte Frankreich
ein lebhaftes Interesse an Nordamerika, und mögen diese Beziehungen
schon frühzeitig Veranlassung gewesen sein, daß die Einführung vieler
Arten dorthin zuerst stattgefunden hat.   In der zweiten Hälfte des

vorigen Jahrhunderts sandte die französische Regierung André Michaux
nach Nordamerika, der zehn Jahre dort blieb, das Land nach allen Rich=
tungen bereiste, umfassende Studien machte und eine große Anzahl Arten
in seine Heimath sandte. Sein Sohn Francois André Michaux
machte ebenfalls jahrelange Reisen auf Kosten der Regiernng, und nach=
dem er zum dritten Male die mächtigen Wälder Nordamerikas durch=
streift hatte, erschien im Jahre 1810 sein prächtiges Werk*) mit aus=
gezeichneten Illustrationen und heute noch als ein nach jeder Richtung
klassisches Buch zu betrachten. In der Widmung an den damaligen
französischen Finanzminister, Herzog von Gaëta, sagt Michaux, „man
habe gewünscht, daß die zahlreichen Arten genauer als bisher studirt
werden sollten, in Rücksicht auf ihren Nutzen, auch um zu untersuchen,
mit welchem Erfolg ihre Naturalisation in Frankreich sich bewerkstelligen
lassen möge. Die großen Samenmengen, welche er während seines
langen Aufenthaltes in Amerika gesammelt und an die französische Forst=
direction eingesandt habe, würden diese in den Stand setzen, die Wälder
des Kaiserreichs mit wahrhaft kostbaren Bäumen zu bereichern, welche
sich mit der Zeit vermehren, und späteren Jahrhunderten den Beweis
der klugen Voraussicht des Ministers überliefern würden." Das war
ein vielversprechender Anfang, dem nur die systematische Ausführung
und in Folge dessen der einzig auf diesem Wege zu erreichende sichere
Erfolg fehlte. Von forstlich ausgeführten Versuchen und hieraus ge=
wonnenen Resultaten ist jetzt nach 70 Jahren nicht die Rede. Man
ist nicht darüber hinausgekommen, die fremden Arten als Material zur
Verschönerung der Parks zu benutzen, und eine Menge der aus den von
Michaux gesandten Samen erzogenen Bäume sind notorisch wieder
verschwunden. Ueber die jetzt noch vorhandenen Collectionen finden wir
in einem neuen 1877 erschienenen Werke interessante Mittheilungen**).
In der Vorrede sagt der Autor, man muß bekennen, daß, wenn auch
diese nordamerikanischen Bäume in den ersten Jahren dieses Jahrhun=
derts Gegenstand eingehender ernstlicher Studien gewesen sind, niemand
trotz der späteren zahlreichen und werthvollen Einführungen eines Sie=
bold, Douglas, Fortune u. s. w. es in Frankreich unternommen

---

*) Histoire des Arbres Forestiers de L'Amérique septentrionale, considérés
principalement sous les rapports de leur emploi dans les arts et de leur in-
troduction dans le commerce, ainsi que d'après les avantages qu'ils peuvent
offrir aux gouvernemens en Europe et aux personnes qui veulent former de
grandes plantations par Fs. André Michaux. Paris 1810.
**) Arboretum Segrezianum, Enumération des Arbres et Arbrisseaux cul-
tivés à Segrez (Seine-et-Oise) par Alphonse Lavallée. Paris 1877.

habe, dieselben fortzusetzen. Es existiren thatsächlich keine großen dendrologischen Sammlungen in Frankreich, was wir haben, setzt sich aus einigen Spuren hauptsächlich amerikanischer Arten zusammen. 1635 wurde Vespasian Robin beauftragt, den Jardin des Plantes zu organisiren, durch ihn wurden eingeführt Robinia, Ailanthus, Sophora, Juglans nigra und viele andere. 1735 befand sich in Tremblay bei Paris eine Sammlung, über welche ein Catalog erschien, dessen Verfasser Bernard de Jussieu gewesen sein soll, er enthält Acer Negundo, Acer saccharinum, Carya alba und amerikanische Eichen. 1705 hatte der Park von Rambouilet amerikanische Arten empfangen, von denen noch schöne Exemplare vorhanden sind, später wurden hier auch die von Michaux in großen Mengen gesandten, cultivirt, welche indessen während der Revolution sämmtlich vom Erdboden verschwanden. Duhamel du Monceau,*) Chef der Marine, benutzte die Gelegenheit seiner Stellung, mit der ganzen Welt Verbindungen anzuknüpfen und man verdankt ihm zum großen Theil die Bepflanzung der Parks mit fremden Bäumen. Die Baumschulen des Königs zu Trianon und Roule waren dazu bestimmt bis 1772 die dort erzogenen amerikanischen Gehölze zu verbreiten. Fs. André Michaux war während langer Zeit Director der forstlichen Domäne zu Harcourt, er legte dort große Gruppen von amerikanischen Arten an und werden diese bald ein passendes Material zur Untersuchung des Holzes liefern. Die Besitzung zu Champlâtreux, wo der Herzog von Agen zu Ende des vorigen Jahrhunderts große Pflanzungen machte, ist noch eine der wenigen, wo die ersten von Michaux aus Amerika eingeführten Bäume vorhanden sind. Eine der wichtigsten Sammlungen ist diejenige zu Barres, von de Vilmorin 1810 angelegt, wo fast noch alles von ihm gepflanzte existirt und welche nach seinem Tode in den Besitz des Staates überging, der jetzt eine Forstschule dort etablirt hat. Es werden noch eine Menge Sammlungen anderer, aus früherer Zeit nur oberflächlich bekannt geworden, genannt, „sie sind verschwunden mit ihren Besitzern und haben keine Spuren hinterlassen." Eine kostbare Collection wurde im Park zu Fromont à Ris bei Paris in den Jahren 1810—29 gebildet, mehrfach wechselte

---

*) Wird überall unrichtig geschrieben, auch von Bernhardt, der auf die fehlerhafte Schreibweise anderer aufmerksam macht. Nach einer mir vorliegenden französischen Originalausgabe des Traité des Arbres et Arbustes qui se cultivent en France en pleine terre (2 Bände) Paris 1755 avec approbation et privilège du Roi heißt es: Par Monsieur Duhamel du Monceau, Inspecteur général de la Marine etc. etc., auch bei anderen französischen Schriftstellern wird er so geschrieben, und nicht wie Bernhardt schreibt Du Hamel.

dieser Besitz den Eigenthümer und auch hier ist nur das Wenigste noch vorhanden, da nach dem Urtheile des Verfassers, eines selten objectiven Franzosen, alles in Frankreich, was nicht einen officiellen Charakter hat, sondern aus der Initiative des Privatmannes hervorgegangen ist, sehr bald verdammt ist, wieder zu verschwinden. So haben wir in Frankreich, wie auch bei uns, manches werthvolle Material in einzelnen Bäumen, vielleicht auch in kleineren Gruppen, — Material, welches sich zu Untersuchungen auf den Holzwerth hin qualificiren mag, — aber über die Entwickelung der Arten hinsichtlich ihres waldbaulichen Verhaltens sind auch in Frankreich keine Erfahrungen gemacht, und trotz der officiellen regen Betheiligung des Staates vor fast 100 Jahren, sind die Franzosen in der Richtung nicht weiter wie wir ohne dieselbe. Hätte man damals in Frankreich diese Vertheilung systematisch, wie jetzt bei uns, wenn auch nur über einen Theil des Landes ausgedehnt, welche Erfahrungen könnte man dort bereits gemacht haben.

Daß sich der Staat durch seine Organe allein in der Lage befindet, systematische Versuche ins Leben zu rufen und mit Erfolg auszuführen, ist unzweifelhaft. Wo diese Organe in einem Lande nun garnicht vorhanden sind, darf man auch wenig in dieser Beziehung erwarten. So steht es in England. — Der im Besitze der Krone sich befindende Wald, — auch die Königlichen Parks gehören dazu, — ist kaum fünf Quadratmeilen groß. Die Colonialwälder sind natürlich hier ausgeschlossen, kämen auch für unsere Frage nicht in Betracht. Kann also hier von einer Betheiligung des Staats, forstliche Versuche durch seine Organe zu fördern, nicht die Rede sein, so sind andererseits die von den mächtigen Grundbesitzern Englands seit Jahrhunderten ausgeführten Pflanzungen mit fremden Arten in ausgedehntem Maße ausgeführt, — in erster Linie nur die Verschönerung ihrer Parks im Auge habend. Es finden sich daher auch sämmtliche aus dem östlichen Amerika stammenden Laubhölzer in zahllosen Einzelbäumen und in Gruppen vor, die gerade wie bei uns in Deutschland den Beweis geben, daß sie vollkommen widerstandsfähig sind und ebenso gut wie in ihrer eigenen Heimath gedeihen.

Dagegen sind uns forstliche Culturen, mit diesem Material ausgeführt, unbekannt, während man auf manchen großen Besitzungen die nordwestamerikanischen Nadelhölzer seit Jahren mit durchschlagendem Erfolge angebaut hat. Es muß auf diese Zurücksetzung der werthvollen Laubhölzer aufmerksam gemacht werden, die sich alle auf's vollkommenste als Einzelbäume entwickeln; ich habe die Frage nach der Ursache dieser Erscheinung persönlich befreundeten Engländern, welche sich mit dem forftlichen Anbau fremder Nadelhölzer beschäftigen, wiederholt gestellt, ohne eine andere Antwort erhalten zu haben, als daß es eben nicht ge= schehen sei, ohne daß man sich je über diese Unterlassung Rechenschaft gegeben habe.

Diese Bevorzugung aller Nadelhölzer läßt sich insofern erklären, als man auf erfolgreiche Beispiele der für die Waldcultur sich eignenden fremden Arten seit Jahrhunderten zurückblicken kann.

In einer interessanten Zusammenstellung*) theilt man die verschie= benen Einführungen in sechs Perioden ein. Als einheimisch in Schott= land betrachtet man nur die Kiefer (scotch pine); um Mitte oder Ende des 16. Jahrhunderts finden sich die ersten Spuren der Fichte (abies excelsa), und um's Jahr 1600 wird Larix europaea, die Lärche, eingeführt. Hier schließt die erste Periode. In der zweiten kommt um's Jahr 1603 die Tanne (Picea pectinata) von dem Continent, 1665 Taxodium distichum aus Amerika und die Ceder vom Libanon. Mit dem Beginn des 18. Jahrhunderts treten die Nadelhölzer des öftlichen Amerika auf:

Abies alba	1700,	Abies nigra	1700,
Pinus Strobus	1705,	Pinus taeda	1713,
Pinus Banksiana	1730,	Abies canadensis	1735,
Larix microcarpa	1740,	Pinus pungens	1740,
Abies rubra	1750,	Pinus resinosa	1750,
Pinus rigida	1755,		

Nach dem Schluß dieser dritten Periode vergeht eine lange Zeit bis 1825—30, wo unter anderen minder wichtigen Pinus Pallasiana, calabrica, austriaca, pyrenaica, Picea Pichta und cephalonica einge= führt werden, dieser Zeitraum wird als vierte Periode bezeichnet. Von höchster Bedeutung ist die nun beginnende fünfte, in welcher zuerst die werthvollen Arten aus dem nordwestlichen Amerika, während 1828—1853, nach England gebracht werden, wir nennen unter diesen:

Pinus ponderosa	1828,	Abies Douglasii	1828,
Pinus Lambertiana	1828,	Pinus monticola	1830,
Picea amabilis	1830,	Picea grandis	1830,
Picea nobilis	1830,	Picea sitchensis	1832,
Wellingtonia gigantea	1852,	Thuya gigantea	1853
Cupressus Lawsoniana	1853,	u. a. m.	

Den Engländern öffneten sich laut Handelsvertrag vom Jahre 1854 die Häfen Japans und hier beginnt die sechste Periode mit der Ein=

---

*) Transactions of Scottish Arboricultural Society 1869.

führung der japanischen Nadelhölzer. Wir finden daher in England und Schottland höchst beachtenswerthe forstliche Culturen mit Abies Douglasii, Picea sitchensis und den anderen auch bei uns jetzt in Betracht kommenden Nadelhölzern, Culturen, wie wir sie nur in ganz einzelnen Fällen nnd in geringerem Umfange in Deutschland aufzuweisen haben, und wo wir manches neue für unsere eigenen Verhältnisse lernen können. Vielfach angeregt wurden sie von der vor ungefähr 30 Jahren gegründeten Scottish Arboricultural Society, welche in ihren „Transactions" manche bemerkenswerthe Angaben zur rationellen forstlichen Pflanzung der fremden Arten im Laufe der Jahre veröffentlicht hat.

Von hervorragender Bedeutung unter den zahlreichen Collectionen Nadelhölzer, und wohl die schönsten und ältesten Exemplare enthaltend, sind diejenigen zu Woburn Abbey und Dropmore; über die erstern gab der Besitzer, der Herzog von Bedford, im Jahre 1839 ein Prachtwerk heraus, Pinetum Woburnense, welches sehr selten ist, da es nur in hundert Exemplaren gedruckt wurde und nicht in den Buchhandel gekommen ist.

Ueberhaupt zeichneten sich die großen Grundeigenthümer Englands und namentlich die schottischen Edelleute von jeher durch ihre großartigen Pflanzungen fremder Holzarten, sowie durch Aufforstung ihres colossalen Landbesitzes aus, und von hieraus wird es sein, woher wir zuerst zuverlässige Nachrichten über die Nadelhölzer des nordwestlichen Amerika, welche in größeren Massen in Europa forstlich angebaut worden sind, erwarten dürfen.

Pflanzenwanderung
und
Naturalisation.

Wenn wir die gegenwärtige Vegetation Deutschlands betrachten und sie auf ihren Ursprung hin untersuchen, so gelangen wir zu dem Schlusse, daß das Wenigste derselben bei uns heimisch und daß sie sich nur auf eine verhältnißmäßig geringe Anzahl Arten beschränkt, denn fast Alles, was heute unsere Gärten ziert und was vieler Orten der Landschaft ihren Charakter giebt, stand von Alters her nicht dort. Auch selbst in einigen Theilen Deutschlands heimische Arten, wie Fichte und Weißtanne, haben in historischer Zeit ihr ursprüngliches Verbreitungsgebiet innerhalb Deutschlands ausgedehnt.

Trotzdem ist es eine oft gehörte Behauptung, welche uns bei der Einführung fremder Holzarten entgegentritt, daß eine erfolgreiche Ueber=siedelung einer Pflanzenart in ein anderes Land unmöglich sei, weil kli=matische, Boden= und andere Verhältnisse sich im Allgemeinen sehr ver=schieden von denen des Heimathlandes gestalten.

Man geht sogar soweit, diese Ansicht kurz dahin zusammenzufassen, daß außerhalb ihres natürlichen Verbreitungsgebietes eine Art überhaupt nicht gedeihen könne.

Wenn es den Anhängern dieser Theorie in sehr vielen Fällen un=möglich sein dürfte, die Grenzen eines solchen Gebietes anzugeben, da sich bei sehr vielen Arten die ursprüngliche Heimath, trotz aller For=schungen, nicht nachweisen läßt, wohl aber ihre Wanderungen, wodurch das Prinzip jener Theorie sich schon hinfällig erweisen würde, so findet diese trotzdem noch immer manche Anhänger, weil sie für die scheinbare Richtigkeit derselben auf viele einseitige Beispiele mißglückter Culturen hinweisen können.

Indessen muß diese Schlußfolge als eine auffallende Unkenntniß mit den seit Jahrhunderten sich vollzogen habenden Pflanzenwanderungen bezeichnet werden und statt sich vor Allem eingehend mit dem Studium der diese Frage vom großen wissenschaftlichen Gesichtspunkte aus behan=delnden, sehr reichhaltigen Literatur zu beschäftigen, beschränkt man sich in dieser Beziehung vorzugsweise auf das, was feuilletonistische Artikel bringen, leitet die Berechtigung zur Opposition aus den durchaus irrigen Angaben, welche eine oberflächliche Tagesliteratur bringt ab, und begnügt sich auf einzelne untergeordnete, wenn auch im concreten Falle richtige Thatsachen hinweisen zu können. Erfolgreiche Naturalisation setzt Pflanzenwanderung voraus, und deshalb muß in einer Schrift, welche sich mit dem Anbau fremder Holzarten beschäftigt, diese Frage zuerst behandelt werden. Wir werden uns zu diesem Zwecke nicht nur auf die speziell in Betracht kommenden Waldbäume zu beschränken haben, sondern möglichst zahlreiche prinzipiell wichtige Beweise erfolgreicher Einbürgerungen fremder Pflanzen bei uns, wie auch hier heimischer in anderen Welttheilen bringen. Diese Beweisführung über Vielen bekannte Dinge könnte fast überflüssig erscheinen, wenn das Gefühl der Abneigung gegenüber den fremden Arten nur von untergeordneten Personen genährt würde. Wir finden dasselbe aber bei manchem, der sich in einflußreicher Stellung befindet und so haben wir die Frage der Pflanzenwanderung etwas ausführlicher, um zu überzeugen, behandeln zu müssen geglaubt.

Die große Zahl der Culturpflanzen aus Kleinasien, Syrien und Persien, ewlche, soweit klimatische Verhältnisse es zuließen, sich über ganz Europa mit Ausnahme des nordöstlichsten verbreitet haben, sind großentheils in historischer Zeit theils direkt, theils über Griechenland nach Italien gekommen. Die mechanischen Wege, auf welche sich sehr vielfach die Pflanzenverbreitung zurückführen läßt und welche in vielen Fällen eine sehr große Rolle spielen — Wind, Wasser, Thiere — können wir hier unberücksichtigt lassen, da die politischen Verhältnisse jener Länder zu einander in Krieg und Frieden hinlängliche Berührungspunkte darboten, um eine mit Absicht ausgeführte Verpflanzung nützlicher Arten durch Menschenhand annehmen zu dürfen. Gleich zu Anfang sei bemerkt, daß sämmtliche fremde Getreidearten, Gemüse und andere Nutzpflanzen, wie Taback, Kartoffel u. s. w., nicht in dieses Capitel gehören, da viele von ihnen annuell und ihre Widerstandsfähigkeit unserem Winter gegenüber nicht in Betracht kommt.

Eingewandert sind die Kirsche (Prunus cerasus) aus Kleinasien, — die Pflaume (Prunus domestica), Asien, Griechenland, — die Pinie (Pinus Pinea), die man vielfach in Italien heimisch wähnte, aus Asien? Nordafrika? — die Platane (Platanus orientalis) aus Kleinasien, griechische Halbinsel, — die ächte Kastanie (Castanea vesca) aus Kleinasien, — der Oelbaum (Olive, Olea europaea) aus dem südlichen Vorderasien, — die Mandel (Amygdalus persica) aus Persien, — die Wallnuß (Juglans regia) aus Kleinasien, — die Weinrebe (Vitis vinifera) aus Syrien, Kleinasien, — die Quitte (Cydonia vulgaris) aus

Kreta, — die Pfirsich und Aprikose aus dem inneren Asien, — Orange (Citrone, Citrus medica) aus Indien, Persien durch die Araber, — die Apfelsine (Citrus aurantiaca) durch die Portugiesen Mitte des sechszehnten Jahrhunderts nach Lissabon, von hier schnelle Verbreitung um die Küsten des mittelländischen Meeres, — der Sumach (Rhus coriaria) aus Syrien, — die Cypresse (Cupressus sempervirens) aus Afghanistan.

Unter diesen Arten finden sich einige, wie die Pinie und die Cypresse, welche im Laufe der Jahrhunderte dem Lande ein verändertes und charakteristisches Ansehen gegeben haben, andere sind zu Nutzpflanzen allerersten Ranges geworden, die Olive, Apfelsine und Orange, von denen in den Agrumi alljährlich für viele viele Millionen Früchte geerntet und exportirt werden, wie der Sumach, dessen Gerbstoff in Sicilien einen sehr wichtigen Exportartikel bildet. Es sei hier auf das hochinteressante Buch von Victor Hehn verwiesen.*)

Nun giebt man häufig, wenn auch widerwillig, zu, daß, wenn eine Art auch außerhalb des sog. Verbreitungsgebietes gedeihe, sie doch durch die Ueberschreitung desselben in ihrer Entwickelung, also an der Qualität ihrer Früchte oder an den sonst aus ihr gewonnenen Produkten nachlasse und daß dieses nicht mit demjenigen der eigentlichen Heimath zu vergleichen sei. Was sagt nun solcher Einwand, selbst wenn er, was wir durchaus nicht zugeben, begründet wäre, angesichts dieser seit vielen Jahrhunderten mit dem allergrößten Erfolge ausgeführten Verpflanzung von einem Land in ein anderes? Wir sind gewohnt, die Zeiten, wo es nicht so war, völlig außer Augen zu lassen, ganz vergessend, daß eine Jahrtausend alte Pflanzencultur alles verändert hat, und sind daher geneigt, uns frühere Perioden in Bezug auf die Vegetationsverhältnisse ebenso darzustellen, wie sie uns die Gegenwart zeigt. So geht es uns mit Italien wie auch mit unserem eigenen Vaterlande.

Nachdem in Italien diese Arten erfolgreich cultivirt worden waren, konnte es nicht ausbleiben, daß durch die Ausdehnung der römischen Herrschaft nach Deutschland und Gallien diejenigen Pflanzen ihren Weg dahin nehmen mußten, wo das Klima ihnen keine unübersteigbare Schranke zog.

So, nach der ersten Etappe in Italien, geht diese große Pflanzenwanderung über die Alpen unaufhaltsam weiter: der Weinstock, die

____

*) Kulturpflanzen und Hausthiere in ihrem Uebergang aus Asien nach Griechenland und Italien, sowie das übrige Europa. Historisch=linguistische Skizzen von Victor Hehn. Dritte, verbesserte Auflage.

Kirſche, Pflaume, Wallnuß, ächte Kaſtanie, Maulbeere, Mandel, Quitte, Pfirſich und Aprikoſe. Aber alles geht nur bis zu beſtimmten Grenzen, welche vom Klima gezogen werden, mit.

Die Pinie wächſt ſchon nicht mehr in Nord-Italien, Oelbaum, Orange und andere gehen gewiß nicht über die Alpen nach Deutſchland, — und auch von denen, welche ſie überſchreiten, ſind manche nicht ge= eignet, ſehr weit nach Norden vorzudringen, und wo es geſchieht, be= dürfen ſie bei uns oft der ſchützenden Decke im Winter, wie Pfirſich, Aprikoſe und Mandel, und ſelbſt im Sommer der durch Mauern künſt= lich erzeugten höheren Wärme, um ihre Früchte zu völliger Reife ge= langen zu laſſen. Die Wallnuß giebt einen guten Ertrag, wenn auch nicht ſo große Früchte, wie wir ſie im Süden finden, und vielfach leidet die Art in der Jugend vom Froſt, während dieſer dem älteren Baum nichts anhaben kann. Die ächte Kaſtanie iſt nur einzeln als größerer, eßbare Früchte tragender Baum zu finden. In dem milderen Klima Frankreichs gedeihen ſie beſſer, — obgleich auch hier manche nur im äußerſten Süden zur Perfection gelangen, und die zeitweiſe im Norden auftretenden Winter auch ſelbſt unter den bei uns ziemlich heimiſch ge= wordenen Arten arge Verwüſtungen anzurichten vermögen.

· Der Weinſtock hat am Rhein und der Moſel Halt gemacht, und wenn er auch außerhalb ſeines ſog. Verbreitungsgebietes ein anderes, aber nicht geringwerthigeres Produkt wie in der Heimath liefert, ſo iſt ſeine Kultur, ebenſo wie in Frankreich, Spanien und Portugal von der größten Wichtigkeit für die ökonomiſche Geſtaltung jener Landſtriche ge= worden.

Auch nach Britannien bringen die Römer manche Arten, welche ſie auf ihrem Zuge nach Norden uns brachten, — und da die klimatiſchen Verhältniſſe jener Inſel mit den unſrigen in mancher Beziehung ſich im Weſentlichen gleichen, iſt die Entwickelung dort eine analoge. Bis nach Skandinavien geht im weiteren Verlaufe der Zeit die Kirſche, Pflaume, Quitte, Wallnuß und eine außerordentliche Anzahl anderer Bäume und Sträucher, welche ſich in Norwegen im Laufe der Zeiten vollſtändig naturaliſirt haben, — man leſe darüber das Schübeler'ſche Werk „Die Pflanzenwelt Norwegens" nach, ein in vielen Beziehungen ſehr inter= eſſantes Buch.*)

Manche der damaligen Einführungen ſcheinen indeſſen, wenn uns die Literatur als Anhaltpunkt dienen kann, in England wieder verloren

---

*) Chriſtiania 1873—1875.

gegangen zu sein*), da viele der vorstehend genannten, aus Italien zu uns gekommenen Arten sich im Hortus Kewensis erst als während des 16. Jahrhnnderts nach Britannien eingeführt verzeichnet finden, so z. B. die ganz evident schon viel früher importirte Maulbeere, Granate, Feige, Pfirsich, Aprikose, Wallnuß, Quitte u. s. w.

Während nun die aus dem Süden Europas, meistens aus Asien stammenden Arten sich früher bei uns als in England einbürgern, beginnt eine zweite epochemachende Pflanzenwanderung aus Amerika, ihren Weg zu uns über England nehmend, — und während fast alles an Fruchtbäumen, Getreide und Gemüse uns bis dahin aus dem Süden gekommen, beginnt nun die Einwanderung aller der wichtigen Waldbäume Nordamerikas, deren größeren Anbau zu technischer Verwerthung man unbegreiflicher Weise vernachlässigt, deren Anbau in Park und Garten aber mit all den mannigfaltigen sonstigen Baum= und Strauch= arten in diesem Jahrhundert zur Ausführung kommt. Es mag hier darauf hingewiesen werden, daß fast hundert Jahre seit der Entdeckung Amerikas 1492 vergehen müssen, bis der neue Erdtheil genügend erforscht ist, und die Menge werthvoller Arten zu Anfang des 17. Jahrhunderts nach Europa gelangen.

Mit Bedauern muß hier constatirt werden, daß, während andere Länder sich einer verhältnißmäßig reichen Literatur über die bei ihnen, namentlich seit dem 16. Jahrhundert, stattgefundenen Pflanzenwande= rungen zu erfreuen haben, wir in Deutschland nur höchst dürftige No= tizen besitzen. Der große Kurfürst, auch ein gewaltiger Gärtner, ließ seine Gärten in Cölln an der Spree vollständig umgestalten und er= weitern, und wird es der Anregung dieses Fürsten zu danken sein, daß sein Leibarzt Joan. Sigism. Elszholz ein Buch über den Gartenbau herausgab.**)

Die erste Gemahlin des Kurfürsten, Louise von Oranien, erbaute Schloß Oranienburg, legte einen Lustgarten an und pflanzte viel, — auch die zweite, Dorothea von Holstein, befaßte sich mit der „Gärtnerey auff der Insul Potstam und bey ihrem nahe an der Stadt belegenen Vorwercke."

---

*) Loudon Arboretum Britannicum.

**) Vom Garten Baw: oder Unterricht von der Gärtnerey auff das Clima der Chur=Marck Brandenburg wie auch der benachbarten Teutschen Länder gerichtet. In VI Büchern abgefasset und mit nöthigen Figuren gezieret. Der ander Druck. Cölln an der Spree. Druckts Georg Schultze, Churfürstlich Brandenburgischer Buchdrucker auf dem Schlosse 1672.

Der Verfasser ist nicht nur ein Sachkenner, sondern scheint, wie man heute zu sagen pflegt, ein passionirter Liebhaber gewesen zu sein. Wir erhalten ein gutes Bild damaliger gärtnerischer Zustände, alles an Bäumen, Sträuchern, Gemüsen, Gewächshauspflanzen u. s. w. umfassend, sowie auch andererseits die praktische Seite hinsichtlich der Erdarbeiten, Geräthschaften u. s. w. nicht übersehen ist; es ist nicht uninteressant z. B. das Capitel „Von dem Erdreich" über Planiren, rayonner des Bodens (Rajolen) nachzulesen. Etwas weitschweifig, aber häufig klarer dargestellt wie wir es in manchen modernen Handbüchern finden.

Die meisten der aus Italien gekommenen Obstbäume werden hier schon als durchaus einheimische behandelt, über ihr Herkommen wird nichts gesagt, sie werden in einzelnen Fällen „als wohl bekand" bezeichnet. Wo sich eine Art noch nicht ganz naturalisirt hat, oft erst seit Kurzem eingeführt ist, findet sich eine Bemerkung über ihr Verhalten im Winter.

Aus Nordamerika sind vorläufig nur einzelne genannt, „eine Indianische Waldrebe aus der Provinz Canada überbracht allererst umb das Jahr 1630 in Europa bekand". Auch Rubus odoratus americanus aus der amerikanischen Provinz Canada. Acacia Robini aus Canada ohne Angabe des Jahres wird auch erwähnt, er nennt sie eine Staude, die wohl zum Baume heranwächst. Von amerikanischen Eichen und irgend sonstigen werthvollen Arten ist noch keine Rede.

Bei der Roßkastanie (Castanea equina) sagt er: „Diese ist von Constantinopel erstlich nach Italien, und so ferner nach Teutschland kommen. Wenn sie erstarcket, können sie unsere Winter ertragen, und sicher im offenen Garten gelassen werden."

Die Roßkastanie ist übrigens ein so schönes und überzeugendes Beispiel von Pflanzenwanderung, daß wir diese Gelegenheit benutzen, einige nähere Daten anzugeben, umsomehr, da erst vor zwei Jahren ihre ursprüngliche Heimath entdeckt worden ist und da sie eine über allen Zweifeln erhabene Widerstandsfähigkeit auch in den kältesten Wintern dokumentirt hat. Sie ist eine der wenigen Bäume, denen der Winter von 1879/80 nirgends etwas anhaben konnte, und wohl lesen wir von erfrorenen Kiefern, Eichen und Ahorn, aber nicht von erfrorenen Kastanien.

Es mag wenige geben, welche sich nicht in dem Glauben befinden, daß die Kastanie ein rechter deutscher Baum sei. Ihre Geschichte ist folgende. Charles de l'Ecluse (Clusius), ein Niederländer, kam im Jahre 1576 in Wien durch den Kaiserlichen Botschafter in Konstantinopel in den Besitz einiger Kastanienfrüchte. Erst nach hundert Jahren finden wir bei Elsholz eine Aufzeichnung, aus deren Wortlaut aber nicht hervorgeht, daß damals bereits große Bäume vorhanden gewesen sind.

In Italien finden wir sie 1569. Nach Frankreich aus Konstantinopel um 1615, laut Bericht von Tournefort. Nach England ebenfalls direkt 1629. Weiter verbreitet sie sich bis Skandinavien und Finland, — in Nordamerika ist sie allgemein und man betrachtet sie dort als naturalisirt. Bisher war die Herkunft nicht sicher festgestellt. Verschiedene Ansichten ließen sie vom Himalaya, von China, aus dem südlichen Sibirien und Turkestan kommen. Dem Direktor des botanischen Gartens von Athen, Theodor von Heldreich, verdanken wir die Auffindung der Heimath oder wenigstens eines Gebietes ihres Verbreitungsbezirkes.*)

Aesculus Hippocastanum ist ein in dem Hochgebirge von Nordgriechenland, Thessalien und Epirus wildwachsender Baum, fünf verschiedene Standorte hat Heldreich gefunden und sie topographisch genau firirt. Alle liegen in der unteren Tannenregion in einer Seehöhe von ungefähr 3—4000 Fuß. Es sind schattige, mehr oder weniger feuchte Waldschluchten, wo die Roßkastanie in Gesellschaft von der Erle (Alnus glutinosa), Wallnuß (Juglans regia), Platane (Platanus orientalis), Esche (Fraxinus excelsior), Ahorn (Acer platanoides), Ostrya carpinifolia, Quercus pubescens und conferta, Abies apollinis, Ilex aquifolium wächst. Es sind mithin Thessalien mit Inbegriff von Phthiotis, Eurytanien und Epirus als das eigentliche Verbreitungsgebiet der Roßkastanie anzusehen und ist dieselbe allenthalben in den Bergen zwischen Oeta, Othrys und Pelion einerseits, und Reluchi, Agrapha und Pindus andererseits als wildwachsend zu betrachten. Aber ihr Gebiet wird noch viel weiter auszudehnen sein, auf das jenseitige Gestade des Bosporus und des Aegäischen Meeres, — auch ist es denkbar, daß noch manche unentdeckte Fundorte in Kleinasien sind, und daß sie sich bis zum Norden Persiens erstreckt."

Wir kehren zu den Aufzeichnungen von Elsholz zurück; nachdem er einige „Scribenten" aus Mecklenburg, Braunschweig, Nürnberg, Constantz genannt, welche vor ihm über diese Materie geschrieben haben, sagt er: „diese werden meines Wissens wol die führnemsten sein, welche unter den Teutschen von der Gärtnerey geschrieben haben: sintemal so man in die uhralten Zeiten da Teutschland noch ungebawet war, zurück-

---

*) Die Roßkastanie, ihr Ursprung und ihre Einbürgerung bei uns von Dr. C. Bolle.

denkt, so wird sich derselben gar keiner finden." Daß vor ihm nicht viel aufgezeichnet worden ist, kann bei dem Mangel an wichtigen Daten ver= schmerzt werden, aber daß nach Elsholz faft wieder ein Jahrhundert vergehen muß, bis wir in Deutschland in der Literatur etwas auf die Einführung fremder und namentlich im 18. Jahrhundert zu uns gekom= mener nordamerikanischer Arten Bezügliches finden, ist höchst bedauerlich. Um uns nun irgend einen Anhalt über den ungefähren Zeitpunkt der Einführung zu gewähren, bleibt uns nichts anderes übrig, als aus dem Hortus Kewensis die Daten der Einführung in England bis zum Jahre 1800 zu geben, da es nicht unwahrscheinlich sein möchte, daß bei den damals schon sich lebhafter gestaltenden Beziehungen zwischen Eng= land und dem Continent in den meisten Fällen nicht gar zu viele Jahre bis zu ihrer Einführung auch in Deutschland vergangen sein werden. Auszunehmen sind hier natürlich solche Arten, welche, in Deutschland heimisch, nach England gebracht wurden, das Jahr der Einführung dort zu erfahren, wird aber nicht minder interessiren.

Es werden indessen nur solche genannt werden, die ein allgemeines Interesse haben, von denen sich ein großer Theil im Laufe der Jahrhunderte so vollständig bei uns eingebürgert hat, daß wir uns ohne deren Vorhandensein unsere heutige Vegetation gar nicht vorzustellen vermögen, — ja sie sind derartig mit uns verwachsen, daß es den wenigsten bekannt sein dürfte, daß sie überhaupt eingewandert sind. Eingeführt wurden nach dem Hortus Kewensis (mit dem Jahre 1548 beginnt die Auf= zeichnung — frühere giebt es nicht):

1548 Spartium junceum (Südeuropa),
     Amygdalus communis (Berberei),
     Armeniaca vulgaris (Levante),
     Morus nigra (Italien),
     Platanus orientalis (Levante),
     Abies excelsa (Nordeuropa),
     Juniperus Sabina (Südeuropa),
     Cupressus sempervirens (Südeuropa).
1562 Persica vulgaris (Persien),
     Juglans regia (Persien),
     Juniperus tamarisciformis (Südeuropa),
1568 Colutea arborescens (Frankreich),
1569 Clematis viticella (Spanien),
1573 Cydonia vulgaris (Oesterreich),
1581 Quercus Ilex (Südfrankreich),
1582 Tamarix germanica (Deutschland),

1596 Clematis flammula (Frankreich),
     Hibiscus syriacus (Syrien),
     Cytisus Laburnum (Europa),
     Coronilla Emerus (Frankreich),
     Cercis Siliquastrum (Südeuropa),
     Rosa centifolia (Südeuropa),
       „ provincialis (Südeuropa),
       „ gallica (Südeuropa),
     Amelanchier vulgaris (Südeuropa),
     Rhus coriaria (Südeuropa),
     Lonicera alpigena (Schweiz),
     Cornus mas (Oesterreich),
     Philadelphus coronarius (Südeuropa),
     Sambucus racemosa (Südeuropa),
     Viburnum tinus (Südeuropa),
     Diospyros Lotus (Italien),
     Morus alba (China),
     Celtis australis (Südeuropa),
     Pinus Pinaster (Südeuropa),
1596 Thuya occidentalis (Nordamerika),
1597 Cerasus chamaecerasus (Oesterreich),
     Lonicera nigra (Schweiz),
     Syringa vulgaris (Ungarn),
1603 Abies Picea (Deutschland),
1629 Aesculus Hippocastanum (Asien),
     Ampelopsis hederacea (Nordamerika),
     Rhus typhina (Nordamerika),
     Prunus Laurocerasus (Levante),
     Prunus serotina (Nordamerika),
     Crataegus pyracantha (Südeuropa),
     Lonicera coerulea (Schweiz),
     Diospyros virginiana (Nordamerika),
     Morus rubra (Nordamerika),
     Juglans nigra (Nordamerika),
     Carya alba (Nordamerika),
     Larix europaea (Deutschland),
1633 Laurus Sassafras (Nordamerika),
1640 Staphylea trifoliata (Nordamerika),
     Rhus toxicodendron (Nordamerika),
     Robinia pseudoacacia (Nordamerika),

Crataegus Azarolus (Südeuropa),
Syringa persica (Persien),
Platanus occidentalis (Norbamerifa),
Taxodium distichum (Norbamerifa),
Prunus lusitanica (Portugal),
1656 Acer rubrum (Norbamerifa),
Vitis vulpina (Norbamerifa),
Vitis labrusca (Norbamerifa),
Rhus cotinus (Südeuropa),
Celtis occidentalis (Norbamerifa),
Juglans cinerea (Norbamerifa),
1663 Liriodendron tulipifera (Norbamerifa),
1664 Juniperus virginiana (Norbamerifa),
1665 Corylus Colurna (Conſtantinopel),
1683 Acer platanoides (Südeuropa),
Evonymus americanus (Norbamerifa),
Crataegus coccinea (Norbamerifa),
Cornus sericea (Norbamerifa),
Laurus Benzoin (Norbamerifa),
Quercus coccifera (Franfreich),
Liquidambar styraciflua (Norbamerifa),
Pinus halepensis (Levante),
Cedrus Libani (Norbamerifa),
1688 Magnolia glauca (Norbamerifa),
„ longifolia (Norbamerifa),
Negundo fraxinifolium (Norbamerifa),
Rhus copallina (Norbamerifa),
Aralia spinosa (Virginien),
1690 Spiraea opulifolia (Norbamerifa),
1691 Menispermum canadense (Norbamerifa),
Crataegus Crus galli (Norbamerifa),
Quercus coccinea (Norbamerifa),
1692 Salix babylonica (Levante),
Populus balsamifera (Norbamerifa),
Ostrya virginica (Norbamerifa),
1696 Lycium barbarum (Berberei),
Abies balsamea (Norbamerifa),
1699 Castanea pumila (Norbamerifa),
Quercus Suber (Franfreich),
Myrica cerifera (Norbamerifa),

1700 Gleditschia triacanthos (Norbamerika),
Abies alba (Norbamerika),
„ nigra (Norbamerika),
Rubus odoratus (Norbamerika),
von 1701—1710 Fraxinus lentiscifolia (Aleppo),
Ptelea trifoliata (Norbamerika),
Colutea cruenta (Orient),
von 1711—1720 Pinus taeda (Norbamerika),
Ceanothus americanus (Norbamerika),
Prunus Mahaleb (Oesterreich),
von 1721—1730 Gleditschia monosperma (Norbamerika),
Catalpa syringaefolia (Norbamerika),
Calycanthus floridus (Norbamerika),
Amorpha fruticosa (Norbamerika),
Fraxinus americanus (Norbamerika),
Platanus acerifolia (Kleinasien),
Acer dasycarpum (Norbamerika),
Quercus alba (Norbamerika),
Prunus virginiana (Norbamerika),
Cercis canadensis (Norbamerika),
Quercus Prinos (Norbamerika),
Pinus palustris (Norbamerika),
Tilia pubescens (Norbamerika),
Evonymus latifolius (Norbamerika),
Rhus elegans (Norbamerika),
Quercus Grammuntia (Spanien),
Evonymus latifolius (Mitteleuropa),
von 1731—1740 Clethra alnifolia (Norbamerika),
Cornus florida (Norbamerika),
Populus angulata (Norbamerika),
Acer monspessulanum (südliches Europa),
Carpinus orientalis (südöstliches Europa
Quercus Aegilops (Kleinasien),
„ nigra (Norbamerika),
„ rubra (Norbamerika),
„ virens (Norbamerika),
Pinus inops (Norbamerika),
Magnolia acuminata (Amerika),
Azalea viscosa (Norbamerika),
Kalmia latifolia (Norbamerika),

Chionanthus virginica (Norbamerifa),
Acer saccharinum (Norbamerifa),
Cephalanthus occidentalis (Norbamerifa),
Magnolia grandiflora (Carolina),
Menispermum virginicum (Norbamerifa),
Larix pendula (Norbamerifa),
Philadelphus inodorus (Carolina),
von 1741—1750 Robinia hispida (Norbamerifa),
Cytisus austriacus (Oesterreich),
Pinus Cembra (Throl),
Gymnocladus canadensis (Norbamerifa),
Acer montanum (Norbamerifa),
Betula papyracea (Canaba),
    „ populifolia (Norbamerifa),
Crataegus punctata (Norbamerifa),
    „ glandulosa (Norbamerifa),
Itea virginica (Norbamerifa),
Corylus rostrata (Norbamerifa),
Amelanchier Botryapium (Virginien, Canaba),
von 1851—1860 Broussonetia papyrifera (Japan),
Ailanthus glandulosa (China),
Ulmus americana (Norbamerifa),
Salisburia adiantifolia (Japan),
Sophora japonica (Japan),
Cornus alternifolia (?),
Larix microcarpa (Norbamerifa),
Smilax rotundifolia (Norbamerifa),
Halesia diptera (Norbamerifa),
    „ tetraptera (Norbamerifa),
Evonymus atropurpureus (Norbamerifa),
Pinus resinosa (Norbamerifa),
    „ rigida (Norbamerifa),
Populus dilatata (Italien),
Acer creticum (Orient),
    „ tataricum (Tatarei),
Lonicera tatarica (Sibirien),
Daphne Cneorum (südliches Europa),
Magnolia tripetala (Norbamerifa),
Tilia americana (Norbamerifa),

Betula lenta (Norbamerika),
Abies rubra (Norbamerika),
Pinus maritima (südliches Europa),
Acer pensylvanicum (Norbamerika),
Berberis canadensis (Norbamerika),
Prunus caroliniana (Norbamerika),
Planera Richardi (Norbamerika),
von 1761—1770 Betula excelsa (Norbamerika),
Clematis virginiana (Norbamerika),
Viburnum Lentago (Norbamerika),
Mitchella repens (Norbamerika),
Ledum palustre (Asien),
Koelreuteria paniculata (China),
Crataegus pyrifolia (China),
Fagus ferruginea (China),
Rhodora canadensis (Canada),
Alnus serrulata (Norbamerika),
Populus graeca (Griechenland),
Gaultheria procumbens (Norbamerika),
Rhododendron ponticum (Kleinasien),
Kalmia glauca (Norbamerika),
Chimonanthus fragrans (Japan, China),
von 1771—1780 Spiraea laevigata (Sibirien),
Populus candicans (Europa),
    „   monilifera (Norbamerika),
Gleditschia horrida (China),
Rhamnus alnifolius (Norbamerika),
Pyrus salicifolia (Sibirien, Kaukasus),
Cytisus capitatus (Europa),
Pyrus spectabilis (China),
Clematis florida (Japan),
von 1781—1790 Betula davurica (Sibirien),
Caragana Altagana (Sibirien),
    „   Chamlagu (China),
Alnus incana (Europa, Norbamerika),
Pyrus baccata (Sibirien),
Aucuba japonica (Japan),
Pinus Bankseana (Norbamerika),
Fraxinus pubescens (Norbamerika),

Fraxinus juglandifolia (Norbamerika),
Magnolia auriculata (Norbamerika),
      „   conspicua (China),
Quercus lyrata (Carolina, Florida),
Hydrangea hortensis (China),
Paeonia Moutan (China),
Berberis sibirica (Sibirien),
Betula sibirica (Sibirien),
Amygdalus sibirica (Sibirien),
Cornus sibirica (Sibirien, Norbamerika),
Thuya plicata (China),

von 1791—1800 Azalea pontica (Kleinasien),
Quercus tinctoria (Norbamerika),
      „   palustris (Norbamerika),
      „   triloba (Norbamerika),
      „   Banisterii (Norbamerika),
Cytisus purpureus (Oesterreich, Italien),
Aralia hispida (Norbamerika),
Castanea americana (Norbamerika),
Carya porcina (Norbamerika),
      „   amara (Norbamerika),
Magnolia macrophylla (Norbamerika),
Andromeda speciosa (Norbamerika).

Vom Jahre 1800 bis Ende der dreißiger Jahre betrug die Zahl der neueingeführten Arten nach England 500 ausdauernde Bäume und Sträucher, von denen 108 von dem europäischen Continent und 300 von Norbamerika.

Diese massenhaften Einführungen neuer Arten wurden hauptsächlich durch das Bestreben veranlaßt, unseren Gärten neuen Schmuck zuzuführen; Gartenbaugesellschaften sandten geschickte und muthige Gärtner als Reisende aus, um näheres über solche Länder kennen zu lernen, deren Klima mit dem unsrigen nicht unähnlich, und deren Vegetation in Folge dessen ein günstiges Fortkommen in der kalten gemäßigten Zone erhoffen ließ. Aber erst unserer Zeit war es vorbehalten, Zeuge zu sein von wirklich systematisch ausgeführten Ueberführungen von einem Land in ein anderes, und zwar von technisch und commerciell wichtigen Pflanzen, seitdem die Entwickelung aller Verkehrsverhältnisse einen ungeahnten Aufschwung genommen und die Ausführung solcher Pläne erleichterte. Es muß dieses ebenfalls in kurzen Zügen angedeutet werden, da sich uns grade hier eine Menge Beispiele darbieten, um der Theorie des sog. nicht zu überschreitenden Verbreitungsgebietes wirksam entgegentreten zu können.

In ganz hervorragender Weise gebührt dieses Verdienst dem Sir Joseph Dalton Hooker, Direktor des königlich botanischen Gartens zu Kew bei London. Von diesem Garten ressortiren, wenn man so sagen darf, fast sämmtliche botanische Gärten in den zahlreichen Colonieen und wurden von hier aus die Versuche, technische Pflanzen aus einer Colonie in die andere zu überführen, um sie zu naturalisiren, zuerst ins Leben gerufen. Man ließ sich vorläufig nur von der Direktive leiten, die überhaupt bei jeder Naturalisation als Hauptgrundsatz betrachtet werden muß, daß das Land, wo man naturalisiren will, im wesentlichen dieselben klimatischen Verhältnisse haben, oder auch analoge Standorte, sei es auf den Bergen oder in den Thälern, bieten muß, wie dasjenige des ursprünglichen Heimathlandes.

Nach den offiziellen Jahresberichten von Kew*), finden wir aus der Fülle interessanter Thatsachen folgende sehr bemerkenswerthe, welche, abgesehen von allen sonstigen Vortheilen und Wohlthaten, welche sie den Ländern brachten, in commerzieller Beziehung theils schon von der allergrößten Bedeutung geworden sind, theils es zu werden versprechen.

Die Cinchona-Arten, deren Rinde uns das Chinin liefern, hat man von Südamerika nach verschiedenen Theilen Indiens, nach Ceylon, Jamaica u. s. w. verpflanzt, und nach vorliegenden Berichten haben sich einige der wichtigsten Arten bereits vollständig im indischen Bergklima naturalisirt. Der englische Acre (1½ Morgen) mit 300 Bäumen besetzt, ist nach 10 Jahren 150 £ werth, die Rinden von 7 jährigen Pflanzen sind zum Gebrauch geeignet. In Calcutta hat 1877/78 nach ärztlichem Bericht die Regierung aus selbsterzogenem Chinin bereits 30,000 £ erspart. In Ceylon bringt Cinchona officinalis schon 4—5 Jahre nach der Pflanzung vortreffliche, zum Export sich eignende Rinde. Aber nicht allenthalben sind diese Versuche von Erfolg gekrönt, und während die eine Art fortkommt, läßt eine andere sich nicht naturalisiren; aus Birma lauten die Nachrichten ungünstig, — nicht allenthalben gelingt es; nicht nur sind die klimatischen Standorts- und Bodenverhältnisse die Ursachen, sondern auch die anfänglich begangenen Fehler in der Pflanzung und Behandlung; mit welchem Scharfsinn man sich aber diesen „Versuchen" hingiebt, und wie man sich keine Mühe verdrießen läßt, ist zu bewundern. So hat der Leiter dieser Pflanzungen in Jamaica, statt die jungen

---

*) Reports on the Progress and conditions of the Royal Gardens at Kew 1876—1880 by Sir Joseph D. Hooker, Director (Official copies.)

Cinchona-Pflanzen wie früher in Vermehrungshäufern zu ziehen, ein anderes abgehärtetes Verfahren angewandt, indem er sie im Freien auf Beete anzieht und sie mit Farrnkräutern beschattet. In den Gebirgen Assam's gedeihen die Eucalyptus gut, — in Bengalen nicht, — in vielen Theilen Indiens scheint es zu heiß, da sie außerhalb dieses mit günstigem Erfolge angebaut werden. Coffea liberica gedeiht an vielen Stellen Jamaica's, in Singapore und Queensland, — auch aus Zanzibar liegen günstige Berichte darüber vor, und während die einheimische Art in Singapore von einer Krankheit befallen wurde (Hemileia vastatrix), blieb die eingeführte frei.

Mahagony ist in Madras, Bengalen und Birma mit großem Erfolg angebaut, auch auf Ceylon gedeiht der Baum vortrefflich und wird das Holz bereits vielfach nach England exportirt.

Daß die Theestaude von China nach Ostindien gebracht und erfolgreich im Großen angebaut wurde, ist bekannt. Erwähnen wir noch die Caoutchouc liefernden Bäume (Ficus, Hevea, Castilloa), welche von Südamerika nach Ceylon und Indien gebracht sind und deren Ertrag bereits in großen Mengen nach England exportirt wird, so haben wir nur von einigen der wichtigsten Arten nachweisen wollen, mit welchem Erfolge sich solche Naturalisation ausführen läßt; wie man systematisch versucht, nach einheitlichen großen Gesichtspunkten alle irgendwie nützlichen Pflanzen dort anzubauen, wo dem Anscheine nach ein Gedeihen nicht a priori als ausgeschlossen zu betrachten ist, indem klimatische und andere Verhältnisse nicht wesentlich verschieden sind. Freilich gehört zu diesen Versuchen ein etwas weiterer Gesichtskreis, wie die in Deutschland dieser Frage gegenüberstehende Opposition ihn besitzt, welche mit Behagen und schadenfroh jeden kranken Fremdling als eine Bestätigung ihrer Theorie freudig begrüßt, statt sich wie die Leiter dieser großartigen englischen über die Erde ausgedehnten Versuche, und oft nicht von Erfolg gekrönten Versuche, sagen zu sollen, daß nur ihre Unbekanntschaft mit den richtigen Lebensbedingungen der Grund solcher Vorkommnisse sei.

Die letzte bemerkenswerthe Pflanzenwanderung, welche nach der amerikanischen während der letzten drei Jahrhunderte stattgefunden und welche sich unter unseren Augen vollzogen hat, ist die japanische. Japan, welches den fremden Nationen erst seit den letzten 25 Jahren wieder eröffnet worden ist, scheint in mancher Beziehung für uns von ähnlicher Wichtigkeit werden zu sollen wie Nordamerika, da ähnliche klimatische Verhältnisse manche dorther kommende Arten, meistens Nadelhölzer, auch für uns zum versuchsweisen Anbau geeignet erscheinen lassen. Wir kommen später an geeigneter Stelle hierauf zurück.

Wie aber einerseits die fremden Arten aus Kleinasien und Nordamerika hier eingewandert sind, und sich nachweislich seit Jahrhunderten außerhalb ihres ursprünglichen Verbreitungsgebietes eingebürgert haben, so wollen wir jetzt an der Hand der Geschichte auch solche Beispiele nennen, wo umgekehrt unsere Arten auswanderten und in fremden Ländern eine neue Heimath fanden, um dort ebenso zu gedeihen wie in ihrer alten.

Sir Joseph Hooker sagt: Mehr als 250 alte englische Pflanzen, die gegenwärtig Neu-England bevölkern, sind größtentheils Mit-Auswanderer und Mit-Ansiedler der Angelsachsen gewesen; als Samen begleiteten sie die letzteren über den atlantischen Ocean und gleich jenen behaupteten sie die Herrschaft und vertrieben eine große Anzahl einheimischer Arten. So ist es in allen Ländern, die durch den Angelsachsen colonisirt sind. Die von ihm eingeführten Pflanzen haben sich so fest, dauernd und allgemein angesiedelt, daß selbst dann, wenn er und jeder andere Beweis seiner Thätigkeit aus Nordamerika verschwunden wäre, diese seine Mitauswanderer stets Zeugen seiner früheren Anwesenheit bleiben würden, und nicht allein an den Ufern und in den Wäldern der älteren Staaten, sondern ebenfalls in der inneren Prairie und den neubesiedelten Thälern der Felsengebirge.

Emerson in seinem vortrefflichen Report*) schreibt: Ulmus campestris wächst sehr rasch und gedeiht prächtig. Ulmus montana wächst rascher und hat schönere Belaubung als irgend eine unserer einheimischen Arten, und beansprucht weniger Cultur. Fraxinus excelsior gedeiht ebenso kräftig wie unsere Arten. Larix europaea übertrifft die Larix americana hinsichtlich ihres Wachsthums, ihrer Größe und ihres Nutzens, — in Massachusets hat man man sie viel angebaut, weniger in Rücksicht darauf, daß sie werthvoller als die einheimische Art, aber man hat gefunden, daß sie lange nicht so anspruchsvoll als jene ist.

Ferner sagt er: „Ich habe seit einer Reihe von Jahren auf außerordentlich armen Boden und in einer allen Winden sehr exponirten Lage an der Bay von Boston alle Arten englischer Eichen, Buchen, Birken, Linden, Ahorne, Ulmen, Eschen und Kiefern cultivirt und finde sie ebenso hart als die entsprechenden amerikanischen Bäume."

Daß unsere Fruchtbäume, oder im Sinne der vorliegenden Frage

---

*) A Report on the trees and shrubs growing naturally in the forests of Massachusetts by George B. Emerson 2 vols. Boston 1875.

correct zu sprechen, die aus dem Oriente stammende Kirsche, Pfirsich, Aprikose, Pflaume ꝛc. ꝛc. in Nordamerika gedeihen, ist wohl genugsam bekannt geworden aus den Beschreibungen über die an's Unglaubliche grenzende Ausdehnung der Obstgärten, deren Produkte in den bekannten Blechdosen als Conserven ‚den europäischen Markt überschwemmen.

Wenden wir uns nun zu Australien, so muß es uns hier sehr auffallend erscheinen, daß trotz der wesentlich verschiedenen klimatischen Verhältnisse sich viele europäische Arten auch den dortigen in auffallender Weise accomodirt haben.

Dr. Schomburgk, Director des botanischen Gartens in Adelaide, veröffentlichte vor einigen Jahren ein Verzeichniß der dort kultivirten Arten und gab dabei interessante Angaben über die Vegetations-Verhältnisse dieser englischen Colonie. Der Sommer begreift die Monate Dezember, Januar, Februar mit einer Temperatur von 32° C. und mehr; eine Temperatur, welche namentlich den eingeführten, aus kälteren Gegenden stammenden Arten, aber auch den einheimischen sehr verderblich wird, große Hitze, heiße Winde und Trockenheit, oft 8 bis 10 Wochen kein Regen, unter welchem sowohl die naturalisirte als auch die einheimische Vegetation sehr leiden. Dann folgt der Herbst, März, April und Mai mit einer Temperatur von 18-20°, im Mai nur 14-15°, die europäischen Bäume nehmen ihre* herbstliche Färbung an und lassen ihre Blätter fallen. Die Regenzeit mit heftigen Winden bildet den australischen Winter in den Monaten Juni, Juli, August, Temperatur 12-14°. Häufiger Reif und Nachtfrost. Niedrigste Temperatur wurde 1876 und 1877 im Monat Juli — 2_{22}° beobachtet, welche unter der tropischen Vegetation großen Schaden verursachte.

Das Frühjahr, September, Oktober und November, die schönste und fruchtbarste Zeit Australiens wird in keinem Lande der Welt von dem australischen übertroffen, mittlere Temperatur der beiden ersten Monate 15-20° C. Bäume und Sträucher, alles blüht und entwickelt sich in einer Weise, in solcher Vollkommenheit und Farbenreichthum, daß man sich, ohne es gesehen zu haben, keine Vorstellung machen kann. Aber nicht in der Ebene wachsen die europäischen Waldbäume und die des nördlichen Amerika. Außerordentliches Wachsthum zeigen Ulmen, Platanen, Eschen, Pappeln, Kastanien; langsam wachsen, weil von der Hitze leidend, Linden und Ahorn, — die Buche gedeiht nicht trotz aller bisherigen Versuche. Die einzigen europäischen Kiefern, welche in der Ebene gedeihen, sind Pinus halepensis Mill., Pinus Pinaster Ait., Pinus Picea L.; Pinus sylvestris, allen Picea und Abies ist das Klima zu warm, auch Larix europaea gedeiht nicht. Von

californischen Coniferen findet man nur solche, deren Standort im Vater=
lande nicht höher als 1-2000 Fuß ist, sie gedeihen besonders gut in
den Ebenen des südlichen Australien, besonders Pinus insignis (Douglas),
welche oft in 10-12 Jahren 40-50 Fuß hoch wird bei 5 Fuß Stamm=
umfang. Cupressus und Thuya gedeihen vortrefflich, aber nur wenige
Coniferen vom Himalaya. Die japanischen Nadelhölzer leiden alle von
den trockenen, heißen Winden, — kein Taxus, weder aus Europa, Amerika
oder Indien kommt fort. Camelien, Rhododendron, Azaleen und manche
andere aus China und Japan gedeihen wie im eigenen Vaterlande,
wenn man ihnen einen ihrer Natur angemessenen Standort, 1-2000 Fuß
hoch, giebt; während die Kirsche nicht ganz so gut fortkommt, gedeihen
Aepfel, Birnen, Aprikosen, Pfirsich, Orangen, Citronen, Limonen, Pflau=
men, Feigen, Mandeln, Oliven und Weintranben außerordentlich, und
manche unter ihnen erreichen eine Vollkommenheit, die in Europa unbe=
kannt ist. Die eben genannten wachsen in der Ebene, in den Bergen
trifft man Beerenobst, ächte Kastanien und Nüsse. Die Weincultur nimmt
sehr zu, und australische Weine sind berufen, eine große Rolle zu spielen,
auch ist die Olivencultur als ein großer Erfolg zu bezeichnen, und das
Oel allererster Qualität. Australisches Getreide kann als das schönste
auf der Erde angesehen werden, und alle europäischen Gemüse werden
mit außerordentlichem Erfolg cultivirt. Ueber Unkräuter und andere
Pflanzen, welche sich in Südaustralien naturalisirt haben, (On the
naturalised weeds and other plants in South Australia) hat
Dr. Richard Schomburgk eine Zusammenstellung gemacht, aus welcher
ersichtlich, daß sowohl europäische, amerikanische und andere Unkräuter
theilweise unter Verdrängung der einheimischen das Land überwuchert
haben, für die Ausrottung jener hat man große Summen staatsseitig
ausgegeben, aber ohne Erfolg.

Es kann ja nicht die Aufgabe dieses Buches sein, diese Beispiele erfolg=
reicher Pflanzenwanderungen fortzusetzen, jedes Land würde einen Band er=
fordern, wollte man die Geschichte desselben nach dieser Richtung schildern,
— an einigen wenigen besonders in die Augen fallenden sollte die
Thatsache der Ueberschreitung des natürlichen Verbreitungsgebietes be=
wiesen werden. Als feste historische Thatsache dürfen wir es doch nach
vorstehenden Mittheilungen bezeichnen, daß sich im Laufe der letzten Jahr=
hunderte, selbst wenn wir das Alterthum ganz unberücksichtigt lassen
wollen, durch den Einfluß der durch Menschenhand verpflanzten Vege=
tation die Physiognomie ganzer Länder sich anders gestaltet hat, daß
der Anbau und die Pflege eingewanderter neuer Pflanzen den Haushalt
eines Volkes zu verändern im Stande gewesen sind, es darf ferner be=

hauptet werden, daß sich noch heute in neu erschlossenen Ländern fortdauernd derselbe Wechsel vollzieht, wie nicht minder, daß sich auch in
alten d. h. längst bekannten Ländern durch Einführung neuer Pflanzen
und den mit ihnen angestellten Versuchen mit neuen, oder bisher wenig
gekannten Arten, sich noch wichtige Veränderungen vollziehen können, wie
die großartigen Beispiele unter Leitung von Sir Joseph Hooker in
Kew, werthvolle technische und Handelspflanzen in den vielen Colonieen
Englands zu naturalisiren, — es beweisen, sowie die in Südeuropa und
Nordafrika angestellten Versuche mit australischen Eucalyptus. Dieser
Austausch vollzieht sich noch fortwährend nachweisbar unter unseren
eigenen Augen.

Wir glauben in dem vorstehenden nachgewiesen zu haben, daß die
sog. Theorie des Verbreitungsgebietes etwas illusorisches ist, da wir bei
sehr vielen Arten das ursprüngliche Heimathland nicht anzugeben vermögen, wohl aber sie im Laufe ihrer tausendjährigen Wanderung ver-
folgen können, diese Theorie auch im vollsten Widerspruch mit der uns
umgebenden Pflanzenwelt steht — und es hat sich uns wiederholt bei
eingehender Beschäftigung mit dieser interessanten Materie die Frage
aufgeworfen, wie es sich denn mit unserer vielgepriesenen deutschen Bil-
dung und Gründlichkeit vereinigen lasse, solche Irrthümer, unter absoluter
Ignorirung aller angeführten Thatsachen, zu verbreiten. Trotzdem, daß
man diese nicht kennt, negirt man, ohne zu untersuchen, man giebt sich
einen gelehrten Schein, eine Theorie aufzustellen, aber nicht die Mühe,
sie zu beweisen, und findet trotzdem auch selbst für solche gehaltlose Lehre
Anhänger. Humboldt sagt irgendwo im Kosmos: „Eine vornehm
thuende Zweifelsucht, welche Thatsachen verwirft, ohne sie ergründen zu
wollen, ist in einzelnen Fällen fast noch verderblicher als unkritische
Leichtgläubigkeit."

Gewiß giebt es viele Arten, die außerhalb ihres natürlichen Verbreitungsgebietes nicht gedeihen, dazu gehören in erster Linie die Pflanzen
der Tropen, — je heißer das Klima der Palmen, Orchideen u. s. w.
desto weniger eignen sie sich, dieses zu überschreiten, denn ein bestimmter
Grad großer Wärme ist absolute Nothwendigkeit zu ihrem Gedeihen,
während manche unserer kälteren Pflanzen sich noch in wärmeren Gegenden, wie wir bei Australien gesehen haben, fortpflanzt, auch unsere
Kiefer giebt ein schönes Beispiel großer Fähigkeit, sich in Ländern mit
sehr verschiedenen Temperaturen zu accomodiren, während solche An-
passung tropischen Pflanzen nicht möglich sein würde.

Das ist es aber auch gar nicht, was wir unter Naturalisation verstehen. Eine Pflanze, welche in ein anderes Land einwandert und, ge-

setzt, daß wir den von ihr eingenommenen Standort als ihr eigenstes und natürliches Verbreitungsgebiet gelten lassen können, dieses überschreitet, im Laufe der Zeit keimfähigen Samen trägt und sich wie unsere einheimischen Pflanzen fortpflanzt, von der sagt man, sie hat sich naturalisirt.

Es muß dieser Ausdruck festgehalten werden im Gegensatz zu dem noch häufig gebrauchten der „Acclimatisation", mit dem man etwas zu bezeichnen glaubt, was garnicht existirt. Die beiden wichtigsten Punkte bei der Ueberführung sind Klima und Standort. Entweder müssen sich die klimatischen Verhältnisse im wesentlichen gleichen, oder es müssen, wenn in einigen Fällen dieses nicht stattfindet, durch höhere Gebirgslagen solche Standorte geboten werden, daß dadurch ähnliche Temperaturverhältnisse zwischen diesen Ländern sich ergeben.

Vielfach finden sich indessen auch wesentliche Unterschiede, und wenn trotzdem das Gedeihen der eingewanderten nichts zu wünschen übrig läßt, so giebt dieses Veranlassung, hier in Kürze einiges über die vorhistorische Zeit zu erwähnen. Als Sir Joseph Hooker vor einigen Jahren unter der Führung amerikanischer Botaniker, namentlich des Professor Gray, eine Reise in Nordamerika unternahm, wurden die Resultate derselben unter dem Titel „Die Verbreitung der Nordamerikanischen Flora" publicirt. Es wird hier namentlich, gestützt auf Gray's Flora von Japan, ausgeführt, daß eine große Verwandtschaft zwischen den Pflanzen Japans und Nordamerikas stattfindet, und auf die Thatsache hingewiesen, daß viele der bestehenden Genera und selbst Species beider Flora's gleichzeitig in den hohen Breitegraden Amerikas während der tertiären Zeiten existirten, wie Heer und andere Paläontologen zeigen, ferner nimmt er an, daß die drei nördlichen Continente während jener Periode zusammenhängend waren, oder doch so eng an einander grenzend, um ein Vermischen der verschiedenen Floras zuzulassen.

Es ist eine allseitig während des sehr kalten Winters von 1879/80 in Deutschland beobachtete Thatsache, daß viele der japanischen Nadelhölzer sich von einer auffallenden Widerstandsfähigkeit gezeigt haben, wie der Universitätsgärtner Zeller in Marburg, über die Schäden jenes Winters berichtend, es sehr bezeichnend ausdrückt: „sie halten besser aus als unser einheimischer Wachholder."

Eine sehr interessante Sendung japanischer Hölzer, welche mir in großen, vier Fuß langen und 2½ Zoll starken Abschnitten in der natürlichen Stärke des Baumes, von officieller Seite aus Tokio zugesandt worden ist, war von einem in deutscher Sprache (!) abgefaßten Verzeichniß begleitet, welches weiter unten an geeigneter Stelle näher be-

sprochen werden wird, mit genaueren Angaben über Vorkommen, Tem=
peratur= und Standortsverhältnisse.

Es mußte auffallen, daß die hier mitgetheilten Temperaturen über
japanische Winterkälte sich sehr weit entfernt halten von denen, welchen
die japanischen Nadelhölzer hier so erfolgreich Widerstand geleistet haben.
Nun kann man zugeben, daß das mir gesandte Holz einer Art von
einem Baume genommen wurde, der thatsächlich an dem näher bezeich=
neten Standort nur eine bestimmte, geringe Kälte zu ertragen gehabt
hat, ohne daß es ausgeschlossen wäre, daß die Art nicht auch noch
anderswo und zwar an weit kälteren Orten gedeiht.

Denn daß es in Japan an vielen Oertlichkeiten wesentlich kälter
sein kann, als die mir gemeldeten Temperaturen andeuten, wissen wir
aus dem ausgezeichneten Buche von Professor Rein in Würzburg*),
dessen Studium nicht warm genug empfohlen werden kann. Hier findet
sich die höchste Kälte mit — 21° C. verzeichnet; man darf ferner an=
nehmen, daß diese sich im Gebirge noch wesentlich höher gestalten wird,
— zweifelhaft aber möchte es sein, ob sie derjenigen Kälte gleichkommt,
welcher die japanischen Nadelhölzer in Süddeutschland wochenlang mit
Erfolg widerstanden haben.

Daß das heutige Verbreitungsgebiet mancher Arten ein wesentlich
verändertes geworden ist, haben gründliche wissenschaftliche Untersuchungen,
sowohl für die historische, als auch für frühere Epochen dargethan, und
so würde sich auch eine natürliche Erklärung für die Erscheinung finden
lassen, warum eine Art aus einem Klima, wo die Kälte lange nicht die
bei uns vorkommende erreicht, trotzdem sich erfolgreich naturalisiren kann.
Es ist a priori ein durchaus unrichtiger Schluß, in allen Fällen sich
nur die jetzigen Verhältnisse des Vorkommens einer Art als Richtschnur
für die Naturalisationsversuche dienen zu lassen. Die japanischen Nadel=
hölzer, und das Verhalten mancher anderen bei uns eingewanderten
Pflanzen, bestätigen die Untersuchungen von Heer, Göppert, Hooker,
Gray und vieler anderer, daß die Verbreitungsgebiete in vorhistorischer
Zeit ganz andere gewesen sein müssen, oft viel ausgedehntere; daß die
Arten durch Umgestaltungen auf der Erdoberfläche in jener Periode viel=
fach verschwanden, später sich aber natürliche Schranken und unüber=
steigliche Hindernisse, in Form von Gebirgen, Meeren u. s. w. gebildet
hatten, welche ihrem Zurücktreten in die früher von ihnen occupirten

---

Länder hinderlich in den Weg traten. Das vorhistorische Verbreitungs=
gebiet ging vielleicht bis zum hohen Norden, und die Organisation der
Art ist ursprünglich veranlagt, eine viel höhere Kälte zu vertragen, als
man aus ihrem jetzigen Verbreitungsgebiet, — vielleicht ein sehr · be=
schränktes zu dem vorhistorischen — zu schließen berechtigt wäre.

Es darf dieses mit um so größerer Sicherheit angenommen werden,
als eine „Angewöhnung" an wesentlich höhere Kältegrade, — wofür das
wohlklingende Wort „Acclimatisation" erfunden ist — nicht existirt.

Mit Vorbedacht habe ich deshalb auf den Titel dieses Buches das
Wort „Naturalisation" gesetzt, es hätte auch „Einbürgerung" gesagt
werden können; ich wählte ersteres, um beizutragen, daß das für diese
Frage häufig in Anwendung kommende Wort Acclimatisation, unter
welcher Bezeichnung man sich häufig Unmögliches denkt, mehr und mehr
bei der Behandlung dieser Frage verschwinden möge.

———

Der Einfluß der Winterkälte auf einheimische und fremde Holzarten.

Für die Förderung der von uns angeregten Frage, die Einführung fremder Holzarten betreffend, muß es als ein ganz besonders günstiger Umstand bezeichnet werden, daß die Witterungsverhältnisse der letzten Jahre im allgemeinen für alle Vegetation als sehr ungünstige genannt werden müssen: späte Frühjahrsfröste, nasse Sommer, denen Winter von langer Dauer und intensiver Kälte folgten. Die Geschichte berichtet uns von sehr kalten Wintern im 15., 16. und 17. Jahrhundert, und von Schäden, welche diejenigen unserer letzten Winter bei weitem übertreffen, aber dennoch war der Winter 1879—80 für einen großen Theil Deutschlands und für das südliche Europa ein so ausnahmsweiser und von so verheerenden Wirkungen begleitet, daß unsere Generation sich etwas ähnliches erlebt zu haben nicht erinnerte, und werden Jahre vergehen, bis die Folgen desselben überwunden sein werden. Er war einer der kältesten, wenn nicht der kälteste dieses Jahrhunderts, da man in Frankreich und anderswo seit der Erfindung des Thermometers nie ein solches Sinken des Quecksilbers beobachtet hatte. Die Gegner der fremden Holzarten mußten es erleben, wie unsere ureinheimischen Arten, wie Taxus, Epheu, Ginster, Eiche, ja selbst die Kiefer innerhalb des sog. natürlichen Verbreitungsgebietes gebräunt wurden, Frostrisse bekamen, ja ganz erfroren, während eine Unzahl eingewanderter ohne Schaden diesen außergewöhnlichen Witterungsverhältnissen erfolgreich widerstand. Dieser Winter war für viele fremde Arten eine Feuerprobe. Hätten wir solche Verluste bei ihnen zu registriren, wie wir sie bei manchen unserer einheimischen, z. B. dem Taxus, oder bei den seit Jahrhunderten cultivirten Obstbäumen zu unserem großen Schaden wahrnehmen mußten, so wäre die ganze Frage, für welche soeben ein regeres Interesse erweckt worden war, mit einem Male von der Tagesordnung verschwunden gewesen. Daß die in Betracht kommenden Arten, wo sie sachverständig, an passenden, ihrer Natur entsprechenden Standorten gepflanzt und behandelt worden sind (um mit Wangenheim zu reden: „an schicklichen Oertern"), sich durchschnittlich ebenso gut gehalten haben, nicht schlimmer

5

gebräunt wurden als Kiefer und Fichte, theils sich sogar besser machten als diese, dafür haben wir eine Fülle von Belägen aus eigener Anschauung und aus Mittheilungen glaubwürdiger Beobachter zur Hand. Wir haben hierüber bereits früher berichtet*); inzwischen sind aber eine große Menge neuer Thatsachen zu unserer Kenntniß gelangt, welche, wie wir hoffen, viel zur Klärung dieser Frage beitragen, überzeugen und einer gerechteren Beurtheilung Platz machen werden.

In einer Mittheilung über die Temperaturverhältnisse des Winters 1879—80 von der deutschen Seewarte in Hamburg heißt es:

„Die Strenge und Dauer des letztverflossenen Winters stellen ihn für den größten Theil Mittel- und Südeuropas in die Reihe der großen historischen Winter, ja lassen ihn in manchen Beziehungen für gewisse Gegenden als den härtesten erscheinen, welcher in den letzten 1½ Jahrhunderten, seitdem überhaupt fortlaufende Thermometer-Beobachtungen angestellt werden, aufgetreten ist. In dem Raume von der mittleren Donau bis nach Westfrankreich, und von der Sahara bis zur Nordgrenze Bayerns und Belgiens scheint ein Dezember mit so niedriger Mitteltemperatur in dem genannten Zeitraum nicht vorgekommen zu sein und zeichneten sich auch die beiden angrenzenden Monate November und Januar durch ungewöhnlich anhaltende und strenge Kälte aus; da auch der vorhergehende Sommer in dem größeren Theile von Mitteleuropa sich durch Kühle ausgezeichnet hatte und auch in den folgenden Monaten Februar und März die Temperatur sich im Ganzen niedrig erhielt, so ist damit eine der außergewöhnlichsten und für den Gartenbau verhängnißvollsten Perioden langdauernder und zum Theil sehr starker Abkühlung unter die normale Temperatur gegeben, von welcher Europa je betroffen worden ist.

In dem oben umschriebenen Gebiete sind es in früheren Jahrgängen nur die Monate Dezember und Januar der Winter 1788—89 und 1829—30, sowie theilweise Dezember 1840, welche in ihrer Mitteltemperatur dem Dezember 1879 nahekommen und in den äußersten Kältegraden, welche erreicht wurden, diesen selbst noch übertreffen. In Norddeutschland und im östlichen Mitteldeutschland war hingegen die Temperatur des letzten Winters bedeutend weniger abnorm und war der Dezember 1879 bei weitem nicht so kalt, wie nicht nur Dezember 1829, sondern auch wie mehrere Monate noch neuerer Jahrgänge, z. B. Januar 1838 und 1848."

---

*) Zeitschrift für Forst- und Jagdwesen. 1. Heft 1881.

Während überall ein feuchter Sommer und Herbst die Holzreife nur wenig förderte und die Pflanzenwelt ungenügend vorbereitet in den ausnahmsweise früh sich einstellenden Winter eintrat, war es natürlich, daß die letztjährigen Triebe vielfach erfroren, und sind hiervon ausnahms=los fremde und einheimische Arten betroffen worden. Von anderen größeren Schäden haben wir hier bei uns im Norden nicht zu berichten, — die größte Kälte war hier im Dezember — 19° C. und im Januar — 12° C. — also nichts außergewöhnliches.

In Süddeutschland und im westlichen Mitteldeutschland war die mittlere Temperatur im November etwa 2°, im Dezember 7—11°, im Januar 2—4° niedriger, als das vieljährige Mittel dieser Monate für diese Gegenden beträgt, und das Minimum an acht Stationen in Bayern variirte im Dezember zwischen 23 und 28° C., im Januar zwischen 20 und 26°; in Württemberg an sechs Stationen im Dezember zwischen 22 und 26°, im Januar zwischen 18 und 22°; in Baden an vier Sta=tionen im Dezember zwischen 21 und 24°, im Januar zwischen 15 und 23°; in Straßburg im Dezember 23°.

In Belgien begann der Frost am 19. November und in vielen Gegenden fror es bis Anfang Februar fast unausgesetzt, mit Minimas von 18—21°, in Baillonville (Provinz Namur) bis zu 32° und stand hier am Mittag dieses Tages das Thermometer noch auf 29° C.!

In den Niederlanden war der Frost auch von ungewöhnlicher Dauer und Strenge, selbst in der unmittelbaren Nähe des Meeres, und sind Minimas von 18° offiziell angegeben. Die Mitteltemperatur war an vielen Orten während des Dezembers mehrere Grade unter Null.

In Frankreich fror es in der Normandie im Dezember bis zu 28°, in Angers 22°, in der Picardie 28°, im Departement de la Seine an verschiedenen Stellen 23—28°. In der zweiten Dezemberwoche in Paris bis 28° — bei Fontainebleau 31° und im Rothschild'schen Park in Vaux=de=Cernay 35°; in Soissons am 7. Dezember 21° — am 8. 22° — am 9. 28° — am 10. 29°. Der Direktor des Observatoriums zu Montsouris bei Paris bemerkt zu Anfang Dezember, daß dieser Winter seit einem Jahrhundert der sechste mit großer Kälte sei, und wir können hinzufügen, nachdem wir die Beobachtungen des Dezember zur Hand haben, daß er der kälteste gewesen ist.

1788—89 fror es an 86 Tagen, größte Kälte 21,5° C.
   94—95 „ „ „ 64 „ „ „ 23,5° C.
1829—30 „ „ „ 76 „ „ „ 17,2° C.
  37—38 „ „ „ 77 „ „ „ 19° C.

1871—72 fror es an 59 Tagen, größte Kälte 21,3° C.

  79—80 „ „ „ (?)   „   „   „ bis 28° C.,
wenn wir die ganz ausnehmend niedrigen Beobachtungen von 31 und 35° nicht berücksichtigen und mit einem ? versehen wollen.

In Italien waren die kältesten Grade im Dezember und Januar in

Turin	— 14°	— 12°
Mailand	— 12°	— 10°
Venedig	— 8°	— 9°
Florenz	— 7°	— 10°
Genua	— 5°	— 3°
Rom	— 4°	— 6°
Neapel	— 2°	— 3°

Nach einem Bericht des Hofgärtner Schmidt in Athen hatte man dort ähnliches von Winterkälte noch nicht erlebt, — von Anfang Dezember an fror es fast vier Monate jeden Tag — 1—3°. Die größte Kälte hatte man zwischen dem 12. bis 16. März mit starkem Schneefall und — 6° C.!

Auch in England war fast den ganzen Dezember Frost bis zu — 7 bis 10° C., und im nordöstlichen England und in Süd-Schottland fiel das Thermometer an vielen Stellen bis auf — 18—22° C., ja in Berwickshire hatte man am 4. Dezember auf der Station Blockabber — 23° F. = — 30,6° C.! In London erhöhte sich die Sterblichkeit an den Respirationsorganen auf 799 Fälle in der dritten Dezemberwoche und übertraf den wöchentlichen Durchschnitt an diesen Krankheiten um 288 Fälle.

So finden wir überall in Mittel- und Südeuropa Mitteltemperaturen, welche normalen Jahren gegenüber 7—10° zu niedrig sind, und welche in ihren Wirkungen um so verheerender auftreten mußten, da die Kälte an vielen Stellen ausnahmsweise früh eintrat.

In Folge dieser außerordentlichen Temperaturen gingen nach Ausweis amtlicher Berichte an Obstbäumen zu Grunde:

Vorhanden waren im Jahre 1879 zusammen:

	Apfelbäume	Birnbäume	Kirschbäume	Zwetschenbäume	Wallnußbäume
im Regierungsbezirk Cassel „ „ Wiesbaden	3,451,086	1,202,924	675,573	5,595,354	197,745
„ Großherzogthum Hessen:	davon erfroren:				
Provinz Starkenburg „ Oberhessen „ Rheinhessen	840,886 25%	161,104 13%	80,272 12%	2,078,560 33%	19,837 10%
in Unterfranken erfroren:	209,400	48,471	34,860	1,174,500	13,922

In Unterfranken erfroren ferner 2,790,000 Rebstöcke. Im Großherzogthum Baden war der Totalbestand an Obstbäumen: 10,044,684,
davon erfroren 2,262,903 = 22½ %.

Sehr auffallend ist die Erscheinung, daß die von vielen als einheimisch angesehene Zwetsche allenthalben am meisten, und die im allgemeinen empfindlicher als Aepfel- geltenden Birnbäume viel weniger als
jene erfroren.

Die Zusammenstellung dieser Daten erstreckt sich nur auf einen
Theil des südwestlichen Deutschlands, Württemberg und der größte Theil
Bayerns sind nicht darin, und doch ergiebt sie schon für die genannten
Gegenden einen Verlust von fast 10 Millionen Obstbäume, zum jährlichen
nominellen Ertrag von nur 1 Mark pro Baum, ergiebt ein Capital-
verlust von 200 Millionen Mark, der sich erst nach vielen Jahren wieder
einholen läßt. Diese Schäden sind durch den Mindererlös, als landwirthschaftliche Nebennutzung dem Privatbesitzer sofort bemerkbar und sehr
empfindlich, während sie im fiskalischen Walde sich nicht in dieser Weise
in Zahlen nachweisen lassen, auch nicht so drückend empfunden werden.
Aber auch hier an den einheimischen Waldbäumen sind große Schäden
zu constatiren. An der Hand forstlicher Berichte geben wir nachstehende
Mittheilungen, vorläufig nur unsere einheimischen Arten berück-
sichtigend.

Daß der Frost, und namentlich der Spätfrost alle unsere einheimischen Holzarten mehr oder weniger beschädigt, scheint namentlich denen
unbekannt zu sein, die mit unverhohlener Schadenfreude sorgfältig jede
gebräunte Nadel bei einer fremden Art zum Gegenstande ihrer Berichte
machen. In dem Capitel „Frost- und Frostkrebs" von Hartig*) heißt
es: Auf einer Fläche von circa 40 ha wurden fast sämmtliche Buchen,
Ahorne u. s. w. vernichtet, es litten aber auch alle anderen Laubholz-
arten mit Ausnahme der Birke.

Während des abnormen Winters 1879/80 sind in Süddeutschland
ganze haubare und nahe haubare Tannenbestände ein Opfer des Frostes
geworden.**)

Ueber die Frostbeschädigungen an einheimischen und forstlich wichtigen frembländischen Holzarten in Elsaß-Lothringen im Winter 1879/80***),
sagt ein Bericht über die Eiche (Quercus Robur): Stockausschläge

---

*) Untersuchungen aus dem Forstbotanischen Institut zu München von
Dr. Robert Hartig, Professor an der Universität München. Berlin, Verlag von
Julius Springer. 1880.

**) Forstwissenschaftliches Centralblatt, Jahrgang 1881. Seite 632.

***) Forstwissenschaftliches Centralblatt, Jahrgang 1881. Seite 292.

bis zum Alter von 10 Jahren sind bis zur Schneedecke herab zum großen Theile erfroren, — auch jüngere Eichen in natürlichen Verjüngungen, Pflanzungen und Stangenorten sind vielfach total erfroren und ist ein Wiederausschlagen meist nicht erfolgt. Aeltere Eichen haben vielorts in den Kronen Schaden erlitten und auch Frostrisse bekommen, so daß beim späteren Abtrieb das Nutzholz wesentlich an Werth verloren haben wird. Für den Schälbetrieb waren die Folgen sehr empfindlich. Bedeutende Beschädigungen haben stellenweise in Mulden und Wiesenthälern stattgefunden, wo ältere dominirende Stämme, ja ganze Eichenparthieen so beschädigt sind, daß sie eingehen werden.

Rothbuche hat eigentlich nur in Frostlagen gelitten, ältere Stämme in Lagen von 500 m Meereshöhe mit Frostrissen.

Hainbuche ist in der Ebene sehr arg beschädigt worden, und zwar in allen Lagen in fast gleicher Weise wie die Eiche, wenn auch nicht in dem Umfange wie diese.

Ahorn. Von den Ahornarten hat sich der Feldahorn am wenigsten widerstandsfähig erwiesen.

Schwarzdorn, Besenpfrieme und Epheu haben stark gelitten und sind vielfach vollständig erfroren.

Die Weißtanne hat in ihrer eigentlichen Heimath, im Gebirge, am meisten gelitten, nicht allein jüngere Pflanzen sind vielfach beschädigt, sondern auch ältere Stämme bis zum höchsten Alter sind mehrfrch vom Frost zum Absterben gebracht. In freien Hochlagen sind Pflanzungen total erfroren.

Völliges Absterben ist bei der Kiefer nur an jüngeren Pflanzen häufiger beobachtet worden, doch sind auch ältere Stämme völlig eingegangen. Die Beschädigungen bei der Fichte waren im Gebirge bei jüngeren Pflanzungen bedeutend, indem ganze Pflanzungen erfroren sind. Bei einer Meereshöhe von 1000 m ist von einer 15 jährigen Fichtenpflanzung etwa der dritte Theil eingegangen.

Starke Frostbeschädigungen zeigen noch Eibe und Wachholder in allen Lagen. Bestätigt werden diese Angaben in dem Bericht über die 6. Versammlung des Elsaß-Lothringischen Forstvereins*). Mehr als Tanne, Fichte hat dagegen die Kiefer, und zwar besonders auf den über 800 m hohen Lagen der Westvogesen gelitten.

Aus der Pfalz wird berichtet,**) daß bei Eichen die jüngeren

---

*) Allgemeine Forst- und Jagdzeitung 1881. Märzheft.
**) Allgemeine Forst- und Jagdzeitung 1880. Oktoberheft.

Triebe bis auf 3 Jahre vollständig erfroren, daß die Kiefer oft in unerwarteter Weise Frostschaden aufzuweisen hat, an einzelnen Exemplaren im Haubarkeits- und Stangenholzalter sind sie roth und gelb gefärbt, haben ein kümmerndes Ansehen, — letztjährige Kiefernsaaten haben ebenfalls Schaden genommen. Gänzlich unterlegen ist dem Froste auch die Besenpfrieme.

Ein anderer Bericht aus der südöstlichen Ecke der bayerischen Pfalz*) sagt, Frostschaden an Kiefern war hier seither unbekannt, — die rothe Färbung der Nadeln war namentlich im Sonnenschein weithin sichtbar, mit dem Erwachen der Vegetation sind die abgestorbenen Nadeln abgefallen. In 25—30 jährigen geschlossenen Eichenjungwüchsen starben ganze Gruppen unterdrückter Stämmchen ab, während daneben stehende dominirende unberührt blieben. Die gleiche Erscheinung wurde bei Hainbuchen wahrgenommen. Ilex aquifolium und Spartium scoparium sind in allen Lagen vollständig erfroren.

Ueber die Frostschäden aus der Herzoglich Braunschweigischen Oberförsterei Walkenried im Jahre 1881 wird berichtet,**) daß der Winter den Holzbeständen sehr verderblich gewesen sei, Fichtenculturen erlitten 30% Verluste, 1874 ausgeführte Kiefernculturen bekamen die Schütte, dagegen haben die Douglasfichten sich sehr tapfer gehalten, auch nicht eine einzige Pflanze hat Frostschaden gelitten. Auch die Nordmannstannen haben die Kälte ohne Schaden überstanden. Im Canton Bern***) hat der Frost auf Südseiten und an Bestandesrändern, an Roth- und Weißtannen (Erfrieren der Nadeln) und an Weißtannen und Eichen (Frostrisse) manchen Schaden verursacht.

Diese Beispiele, welche sich für sehr viele Theile Deutschlands ins unendliche wiederholen ließen, werden genügen, um das zu zeigen, worauf es uns ankommt: nicht eine Statistik vorgekommener Frostschäden zu liefern, sondern im Prinzip kurz und bündig zu constatiren, daß alle unsere einheimischen Waldbäume, unter Zusammenwirken besonderer Verhältnisse, ganz bedeutend von Winterkälte gelitten haben.

Man nimmt diese Thatsache hin, ohne, wie das stets bei den ausländischen Arten geschieht, Consequenzen zu ziehen, die jeder Forstmann bei den einheimischen lächerlich finden würde, und es fällt Niemandem ein zu sagen: „die Kiefer, Eiche, Buche sind hier erfroren," deshalb ist

---

das kein Waldbaum für uns. Man erhebt, so lange es sich um unsere einheimischen Arten handelt, nicht diese generelle Opposition, weil man weiß, daß trotz solcher Vorkommnisse die Art doch widerstandsfähig, und daß solche ausnahmsweisen Verhältnisse als Folgen localer Ursachen und besonderer Constellationen zu betrachten sind, — mit einem Worte, man generalisirt nicht, wie wir das leider fast bei jeder, eine fremde Art behandelnden ungünstigen Bemerkung lesen müssen, welche gewöhnlich mit der üblichen Redewendung schließt: „jeder Forstmann wird uns zugeben, daß ein solcher Baum doch niemals für den Waldbau im Großen sich eignen kann." Bei einigem Nachdenken sollten wir uns doch sagen, daß dieselbe Beurtheilung, welche wir bei den Erscheinungen Einheimischer obwalten lassen, mit noch viel größerem Rechte von den Fremden beansprucht werden dürfe, da sie uns noch sehr unbekannt sind, und wir ihnen in den wenigsten Fällen ihre natürlichen Bedingungen zum Gedeihen gewähren können.

Der einzige nordamerikanische Baum nun, der bisher, wenn auch in kleineren Beständen, waldmäßig angebaut worden ist, — der einzige, der, wie es scheint, nirgends vom Froste gelitten hat, auch nicht einmal seine Nadeln bräunte, ist die Weymouthskiefer. Die vorhin citirten Berichte aus dem Elsaß sagen: Es ist namentlich auf die Weymouthskiefer aufmerksam zu machen, welche, obwohl ein Fremdling, vollkommen ungestört geblieben ist, — und ein anderer: Weymouthskiefer hat dem Frost am besten widerstanden. In Aschaffenburg blieb die Weymouthskiefer vollständig verschont. In den Verhandlungen des Hils-Solling Forstvereins im Jahre 1880 wurde constatirt, daß die exotischen Holzarten A. Douglasii und A. Nordmanniana, Pinus Lambertiana und Pinus Strobus nicht vom Froste litten, während unsere Weißtanne, Eiche, Rothbuche unter denselben Verhältnissen erfroren seien.

Gehen wir nun über zu den Wirkungen der Winterkälte auf die fremden Arten, so wollen wir vorweg diejenigen bezeichnen, welche sich für deutsches Klima ein für allemal nicht eignen, welche an geschützten Lagen einzeln fortkommen mögen, die aber von jeder Naturalisation im Großen, d. h. vom waldmäßigen Anbau, absolut ausgeschlossen bleiben müssen. Man mag ferner über sie schreiben, darüber streiten, ob sie erfrieren oder nicht, aber man nenne sie nie gleichzeitig mit den Arten zusammen, welche zu waldbaulichen Zwecken in Betracht zu ziehen sind. Durch die Entfernung derselben aus der Diskussion wird wesentlich an Klarheit gewonnen, man bekommt bestimmte größere Gesichtspunkte, einen besseren Anhalt zu Vergleichen und vernünftigen Vortheilen.

Was soll man zu solcher Verwirrung sagen, wenn man in einem

Satze über das Erfrieren von A. Douglasii und von Pinus maritima
liest, oder daß in Forstvereinen über Cedrus Deodara und Pinus
Smithiana (weich vom Himalaya), gleichzeitig über A. Nordmanniana
vom Kaukasus debattirt wird! Wenn wir die Namen der nachstehenden
Arten von nun an, sobald es sich um ernsthafte Versuche handelt, ob
sie sich zum Anbau eignen möchten, ganz unberücksichtigt lassen, ihrer
gar nicht mehr erwähnen, so nehmen wir auch den Gegnern eine noch
immer sehr willkommene Handhabe für ihre Behauptungen, indem sie
nur gar zu gerne das Odium des Erfrierens auch auf die harten Arten
zu übertragen geneigt sind.

Hierher gehören:

Araucaria imbricata (Chili),   Dammara australis (Australien),
Cedrus Libani (Libanon),   Cedrus Deodara (Himalaya),
    „   atlantica (Atlasgebirge), Abies Webbiana („   )
Abies Pinsapo (Spanien),   „   Smithiana („   )
    „   Apollinis (Griechenland), Pinus Sabiniana (Nordamerika),
Cupressus sempervirens   „   Coulteri (kalifornische Küste),
        (Südeuropa),
Cupressus funebris, (China),   Pinus Pinea (Südeuropa),
Abies Pindrow, (Himalaya),   „   halepensis (Südeuropa),
Biota orientalis (für Norddtschld.), Taxodium sempervirens
                                        (lokalisirt a. d. Westk. N. A.),
Cunninghamia chinensis (China).

und Pinus maritima, mit der in durchaus nicht zu billigender Weise
zum Schaden des Staatssäckels und der Naturalisationsfrage immer
wieder größere Pflanzungen gemacht worden sind; nachdem nun aus=
nahmslos alle jene zu Grunde gegangen sind, wird man sie jetzt wohl
schon deshalb nicht wiederholen, da sie selbst in Frankreich, in der
Sologne, in einem Bestande von 80,000 ha erfroren ist, — und da=
durch einen unersetzlichen Verlust für die Bevölkerung verursachte.

Zusammenstellungen über die Frostschäden aus verschiedenen Gegen=
den über ein und dieselbe Art können indessen nur dann einen Werth
haben, wenn neben der Wirkung des Frostes gleichzeitig Angaben über
Boden= und andere Verhältnisse gemacht werden, aus denen man Schlüsse
über die Ursache ihres Verhaltens zu ziehen in der Lage ist. Da solche
Angaben aber meistens fehlen und wir nicht wünschen, eine bloße Auf=
zählung an und für sich nichtssagender Fälle zu constatiren, so beab=
sichtigen wir, aus einer außerordentlich großen zur Verfügung stehenden
Zahl einmal anders zu verfahren, um die wunderbaren, scheinbar uner=
klärlichen Wirkungen deutlich vor Augen zu bringen. Die in beiden

Rubriken verzeichneten Resultate sind das Gegentheil von dem, was man der Natur der Dinge nach von ihnen hätte erwarten sollen. Was erfror und was gelitten hat, sollte eigentlich widerstandsfähig sein, und bei dem, was vom Froste unberührt blieb, durfte man theilweise Beschädigungen, wenn nicht gar völliges Absterben erwarten, — daß aber auch gleichzeitig dieselben Arten an anderen Standorten in derselben Gegend resp. aushielten und erfroren, wird ausdrücklich bemerkt.

	Es hielten aus:	Es erfroren:
in Aschaffenburg	Larix Kaempferii, Taxus cuspidata	Abies Menziesii, „ Mertensiana, „ Nordmanniana (gelitten), Cupressus Lawsoniana,
in Marburg	japanische Arten meistens sehr gut,	Ilex, Buxus, Taxus, Hedera,
in Stuttgart	jap. u. nordamerikanische Arten,	große Verheerungen unter einheimischen Arten,
in Tübingen	Abies canadensis, „ Mertensiana, „ cilicica, Larix Kaempferii, Thuya Menziesii, Thuyopsis div., Retinospora div.,	Ilex, Buxus, starke Cydonia vulgaris, Cytisus, Hedera, Pinus Jeffreyii, Pinus ponderosa, Abies Pinsapo,
in Löwenberg i. Schl.	Cupressus Lawsoniana, Pinus Jeffreyii, Abies Nordmanniana,	Cupressus Lawsoniana,
in Wittgenstein bei Laaspe	Abies Douglasii,	Buxus, Taxus, Epheu,
in Luckau N./L.	Abies Douglasii,	Buxus, Ilex,
in Gonzenheim bei Homburg v. d. H.	Picea nobilis, Abies Douglasii,	Buxus, Taxus, Obstbäume,
in Greiz	Picea nobilis, Pinus Sabiniana, „ excelsa,	Acer campestre, „ Negundo, Hedera,

	Es hielten aus:	Es erfroren:
in Greiz	Pinus Jeffreyii, Paeonia arborea,	Ilex,
in Muskau O./L.	Cupressus Lawsoniana, Thuyopsis dolabrata, Thuya Menziesii,	Abies Nordmanniana,
in Rübenhaufen (Unterfranken)	Aucuba (!), Thuya Menziesii, (ausgezeichnet) Thuyopsis dolabrata, Sciadopitys verticillata, Abies Douglasii,	Buxus, Hedera, Weißtanne, Fichte, Abies Nordmanniana,

in Wernigerode
am Harz
	Thuyopsis dolabrata,
	alle Retinosporen,
	Abies cephalonica,
	   „ Appollinis,
	   „ magnifica,
	   „ Douglasii,
		Taxus,

in Herrenhaufen	alle Retinosporen, Cephalotaxus pedun- culata (!), Picea sitchensis, alle griechischen Tannen(!), alle Thuya, Abies Douglasii,	Pinus densiflora (Japan),
in Kemperhof bei Coblenz	alle Retinosporen, Thuya Menziesii, Cupressus Lawsoniana, Abies Nordmanniana, Thuyopsis dolabrata,	Buxus, Ilex, Hedera,
in Dyck (Rhein)	Cupressus Lawsoniana, Cryptomeria japonica, Griechische Tannen, Picea Pinsapo, Abies Douglasii,	Cupressus Lawsoniana, Picea Pichta (Sibirien), in 26 starken Exemplaren
in Genthin (Prov. Sachsen)	Wellingtonia gigantea(!) Abies Douglasii,	Retinospora, Chamaecyparis nutkaensis, Hedera,

	Es hielten aus:	Es erfroren:
in Celle	Retinospora plumosa, Thuyopsis dolabrata, Abies Douglasii, Thuya Menziesii, Libocedrus decurrens,	Obstbäume, wilde Bäume, Hedera, Ilex,
in Oliva	Cupressus Lawsoniana, Abies Pinsapo, Thuya Menziesii, alle Retinosporen, Abies Douglasii,	Abies lasiocarpa, griechische Tannen, Wellingtonia,
in Düsseldorf	alle Retinosporen, Thuyopsis,	Taxus, Buxus,
in Godesberg bei Bonn	Abies Douglasii,	Hedera,
in Schloß Benrath	alle Retinosporen, Thuya Menziesii, Thuyopsis dolabrata, Abies Douglasii, „ nobilis, „ amabilis, Cupressus Lawsoniana,	Epheu, Taxus, Buxus, Ilex, Cupressus Lawsoniana,
in Harzburg	Sciadopitys verticillata, Thuyopsis dolabrata, „ laetevirens, Abies magnifica, „ Gordoniana, „ nobilis, „ lasiocarpa, Wellingtonia, Araucaria imbricata (!),	Taxus, Epheu, die sonst fast überall als hart bezeichneten Retinos- poren, Thuyas,
in Neuwied a. Rh.	Cupressus Lawsoniana,	Abies Douglasii, Weißtanne, Fichte.

Nach den vorstehenden Beispielen über das Verhalten der einhei=
mischen und fremden Arten in dem denkwürdigen Winter 1879/80 dürfte
man kein in Deutschland vorkommendes Nadelholz, wenn unter der Be=
zeichnung „frosthart“ eine vollkommene Widerstandsfähigkeit verstanden
werden soll, absolut hart nennen, da wir gesehen haben, daß alle, ohne
Ausnahme, und zwar der Taxus am häufigsten gelitten haben. Wir
nehmen die Sache indessen nicht so tragisch, und wollen nur deshalb
diese Thatsache, und zwar mit Nachdruck, so lange betonen, bis
die Gegner auch die fremden Arten mit gleichem Maaße
messen.

Welch ein vernichtendes Urtheil würden z. B. die aus
Elsaß und Bayern gemeldeten Schäden an Weißtannen,
Kiefern, Fichten und Eichen für die fremden Arten, wenn
sie dort bereits in Beständen vorhanden wären, provocirt
haben? Wie wir aber aus den mannigfachen Schäden an Einhei=
mischen keine allgemeinen Schlüsse ziehen, so verlangen wir, daß
man bei den Fremden sich nicht aus jedem einzelnen Falle
eine allgemein gültige Theorie construirt, was um so
weniger angebracht ist, als im Allgemeinen unsere Kenntniß von
den Ansprüchen jener eine völlig ungenügende ist, — wie viele aller
derjenigen, die noch fortwährend jeden Winter zu Grunde gehen, unter=
liegen nicht eigentlich den Witterungsverhältnissen, sondern sind lediglich
die Opfer unserer Unkenntniß hinsichtlich der richtigen Behandlung.
Denn daß ein großer Theil der Exoten, über deren Ansprüche wir schon
besser orientirt sind, namentlich die Laubhölzer aus dem nordöstlichen
Amerika, Tulpenbaum, Eiche, Hickory, schwarze Wallnuß, Ahorn und
viele viele andere, sich jedenfalls ebenso gut bewährt haben, wie unsere
einheimischen, dürfte jedem Sachverständigen bekannt sein.

Das größte Contingent zu den Todtenlisten liefert die durchaus
widernatürliche Behandlung, welche sich die Exoten gefallen lassen müssen.
Fast alles Material, mit dem heute experimentirt wird, um Erfahrungen
zu sammeln, besteht doch mit verschwindend kleinen Ausnahmen aus
„einzelstehenden“ Pflanzen, während die Art gesellig wächst und meistens
in großen geschlossenen Beständen vorkommt, also von vornherein ein
ganz ungenügendes Versuchsobjekt giebt. Nehmen wir hierzu die Er=
ziehung eines solchen Individuums: — unnatürliche Anzucht, häufig im
Mistbeet, wiederholtes Verpflanzen, und zur Conservirung der Ballen
für weiteren Transport, werden dieselben in Körbe gesetzt, eine Procedur,
bei welcher häufig unbarmherzig mit den Wurzeln umgegangen wird, —
dazu der unrichtig gewählte Boden und Standort, genug, nehmen wir

all' dieses zusammen, so muß man sich wundern, daß noch immer so viele von den Fremden überhaupt leben, wenn auch allerdings oft genug nur kümmerlich ihr Dasein fristen.

Ein so in jeder Beziehung für irgend welche ausnahmsweisen Witterungsverhältnisse durchaus ungenügend vorbereitetes Individuum geht zu Grunde, geschieht dieses im Sommer, so sagt man: es vertrocknete, geht es im Winter ein, dann heißt es: es erfror und „die Art hält bei uns nicht aus".

Könnten wir sämmtliches Versuchsmaterial auf seine Qualification untersuchen, so würde nur ein verhältnißmäßig geringer Theil solcher Pflanzen übrig bleiben, bei denen diejenigen Bedingungen sich erfüllen, die allein gelten können, um beweiskräftig zu erscheinen, — operirten wir sachverständig in dieser Weise, würden die endlosen Klagen über das Erfrieren mehr und mehr verstummen und eine raschere Einigung über die richtigen Gesichtspunkte bei dieser Frage sich erzielen lassen. Verfahren wir ebenso irrationell mit unseren einheimischen Kiefern und Fichten, wie wir es mit den fremden thun, so können wir mit Sicherheit annehmen, daß sie dieser Behandlung in manchen Fällen nicht so lange widerstehen würden, wie die Fremden es theilweise thun. Auch sie gehen schließlich zu Grunde, aber erfrieren nicht.

Nicht allein hier, sondern in allen anderen Disciplinen sehen wir, wie man aus bestimmten Erscheinungen durchaus falsche Schlüsse zieht. Es ist ja unzweifelhaft, daß die einzelne Thatsache, welche etwas zu beweisen scheint, etwas Brutales an sich hat, man ist gezwungen, das Factum zuzugeben, welches durch Beweise bekräftigt wird; daß diese nur scheinbar richtige sind, kann man in vielen Fällen auch nicht ohne Weiteres nachweisen, da man in unserem Falle weder genau die Herkunft der Erfrorenen, noch die Bedingungen, unter den sie jahrelang vegetiren, kennt.

Für den Kenner ist es aber kein Geheimniß, trotz aller scheinbaren Gegenbeweise, daß die Fremden, unrichtig aufgezogen, am unrechten Ort verpflanzt in Bezug auf Boden, Lage, Exposition, endlich zu Grunde gehen mußten, aber nicht — erfroren.

Wer vermöchte aus der Fülle der widerspruchsvollsten Erscheinungen, welche uns der Winter von 1879/80 bietet, auch nur irgend etwas allgemein gültiges deduciren wollen, es möchte bereits im nächsten Winter durch neue Erfahrungen widerlegt werden, denn die unendliche Mannigfaltigkeit aller möglichen und denkbaren Zusammenwirkungen sind sehr verschiedenartig, vielseitig, und oft genug überraschender Natur. Alle in Betracht kommenden Verhältnisse sind in zwei Fällen nie absolut gleich, deshalb sind auch die Wahrnehmungen und Resultate beim Aushalten und Erfrieren so verschieden. Wir sehen, daß einheimische wilde Bäume den Witterungsverhältnissen erliegen (wir sagen nicht erfrieren), während weichere Arten, welche früher oft zu Grunde gingen, nicht beschädigt wurden; — daß es eine vielfach beobachtete Thatsache ist, wie häufig im Schutz stehende Exemplare mehr litten als einzelstehende derselben Art; daß manche Arten aus wärmeren Gegenden mit geringer Winterkälte, im Gegensatz zu früheren Erfahrungen besser widerstanden, wie Arten aus nördlicheren Gegenden mit notorisch größerer Kälte. Unserer Erkenntniß ist hier, wie in so vielen anderen Dingen, eine Schranke gesetzt, und trotz aller Verluste, welche ganze Länder erfahren mußten, werden wir immer wieder pflanzen und die erfolgreichen Naturalisationen früherer Jahre fortsetzen. Wollten wir aufhören alles das zu cultiviren, was in Deutschland im Winter von 1879/80 erfroren und zu Grunde gegangen ist, so könnte man auf jegliche fernere Obstkultur im Süden verzichten, und eine Menge einheimischer Arten müßten in Zukunft aus dem Wald und Garten verschwinden.

Den einzig möglichen wirksamen Schutz gegen solche Kalamitäten können wir nur dadurch gewinnen, daß wir durch rationelle Versuche und genaue Beobachtung die sehr schwierige Frage des Aushaltens und Erfrierens zu erforschen suchen, und Mißerfolge, nicht wie das meistens geschieht, voreilig der „Art" zur Last legen, sondern jene als eine Folge unserer mangelnden Kenntniß der natürlichen Lebensbedingungen ansehen.

Aufmerksame Beobachtung und Untersuchung sind in erster Linie erforderlich. Der Standort kann ebenso verschieden sein wie die Lage, der Boden, die Exposition; je kräftiger der Boden, desto üppiger und länger dauernd das Wachsthum, desto später die Holzreife, desto schlimmer die Wirkung des Frostes. Und wie unendlich verschieden wiederum diese! Ob nach feuchtem Sommer mit unreifem Holz, oder nach warmem mit gehöriger Holzreife; ob der Frost sehr früh mit geringeren Graden, oder plötzlich mit äußerster Härte eintritt; ob eine schützende Schneedecke und sonnenloser Himmel, oder blendende Sonne und schneeloser Winter; ob hohe Kältegrade auf kurze Zeit oder geringere von langer Dauer; ob die Pflanze einzeln oder gesellig; ob das Samenkorn, aus dem sie erzogen, kräftig, oder ein schlecht befruchtetes; ob es in einer Gegend reifte, wo die Art in höchster Vollkommenheit, oder ob es von einem minder kräftigen Individuum geerntet wurde, — tausendfach verschieden können sich diese Umstände gestalten und tausendfach verschieden die Resultate; daher auch die mannigfaltigsten, scheinbar widerspruchvollsten Erscheinungen, für den Eingeweihten verständlich, wenn auch lange nicht immer erklärlich. Niemals dürfen wir von einem einzelnen Fall auf einen andern schließen, — wir dürfen bei ungünstigem Erfolg nur das Factum constatiren und sagen: hier ist die Beobachtung gemacht, womit der Mißerfolg für die Localität angedeutet ist, — wir müssen uns abgewöhnen, aus einem solchen den allgemeinen Schluß für eine Provinz, für ein Land zu ziehen. Jeder Fall als solcher hat Werth, jeder muß mit allen begleitenden Umständen erschöpfend untersucht werden, jeder ist ein Baustein zu unserer Erkenntniß. Objektiv, etwas von der „herben Kritik deutschen Wesens" bei Seite lassend, müssen wir an diese schwierige Aufgabe herantreten! Pfeil spricht in seinen „kritischen Blättern" ein Wort aus, welches nirgends mit größerer Berechtigung wie bei der vorliegenden Materie anzuwenden ist: „Was hier wahr ist, ist dort falsch und so umgekehrt, darum muß man so viel als möglich die Fälle aufsuchen und sammeln!"

Nordamerikanische Waldzustände.

Ein Theil der nachfolgenden Skizze über die Waldverhältnisse in Nordamerika, wozu ich auch das zu England gehörende Dominion of Canada rechne, erschien bereits vor einigen Jahren in der Danckelmann'schen Zeitschrift. Dieser Bericht mußte damals mit Recht als ein schwacher Versuch bezeichnet werden, da ich von der Schwierigkeit, angesichts dieses großen, theils wenig bevölkerten Landes etwas Zuverlässiges schildern zu können, überzeugt war. Er wurde inzwischen ins Englische übersetzt und erschien in einer sehr verbreiteten amerikanischen Zeitschrift. Es ist keine Entgegnung, auch nicht einmal eine Abschwächung der von mir geschilderten Uebelstände, erschienen. Dagegen kann ich mit Genugthuung constatiren, daß der Inhalt von einem durchaus competenten Manne*) als „an excellent history of American Forestry" bezeichnet worden ist, was ich weniger zu meinem Lobe, als für die Correctheit der oft übertrieben scheinenden Angaben anzuführen nicht habe unterlassen wollen.

Daß seit dem Erscheinen dieses Artikels in der Zwischenzeit mit ungeschwächten Kräften immer weiter zerstört worden ist, daß es, und zwar im allergrößten Maßstabe, immer lustig weiter brennt, daß die einzelnen Staaten noch fortwährend Gesetze mit vielen Paragraphen gegen alle diese Uebelstände erlassen, welche sich derselben Nichtbeachtung wie alle früheren zu erfreuen haben, ist bekannt. Bekannt ist auch in fachmännischen Kreisen, daß ein amerikanischer „Forst-Comissar" Europa bereist, um von deutschen forstlichen Verhältnissen Kenntniß zu nehmen. Man darf aber mit Sicherheit behaupten, daß erst dann ernstliche Besserung und geordnete Verhältnisse eintreten werden, wenn solches unter den eigenthümlichen amerikanischen Zuständen, die einer rationellen Waldwirthschaft wenig förderlich sind, überhaupt möglich ist, nachdem tabula rasa gemacht sein wird. Von den unzähligen Berichten über in den letzten Jahren stattgefundene Waldbrände, über die fabelhaften Zahlen der dadurch vernichteten Hölzer, sowie über die ebenso unglaublichen Zahlen der für Consum und Export „rationell geschlagener" und von

*) Gardners Monthly by Thomas Meehan, Botanist of the Pennsylvania Board of Agriculture.

Regierungsländereien „rationell gestohlener" Hölzer will ich schweigen, hat doch der Leser an Nachstehendem zur Genüge. Nur eines Wald= brandes im Staate Michigan will ich erwähnen, wo im Herbst 1881 ein Waldbrand über viele viele Quadratmeilen — man schrieb von über hundert — alles verwüstete, wo der Schaden eine Bevölkerung von 60,000 Menschen traf, — 5000 Alles verloren und über 1000 ver= brannten, — die ganze Gegend eine schwarze Wüste! — Alles im großen amerikanischen Styl!

Von Zeit zu Zeit lesen wir und finden auch wohl einmal genauere Beschreibungen in den Zeitungen vom „großen" Waldreichthum, von „großen" Waldbränden und von „großer" Waldverwüstung in Nord= amerika. Aber die Idee von der „Unerschöpflichkeit" jener Wälder macht sich alsbald wieder geltend, unterstützt durch eine Menge unrichtiger und lose in der Welt herumfliegender Notizen, falsche Statistiken, sogenannte populäre Darstellungen und andere tendenziöse Artikel. Man darf daher behaupten, daß ein auch nur annähernd richtiges Bild über amerikanische Waldzustände uns gänzlich fehlt. Es wird deshalb der Versuch gestattet sein, einiges Nähere über dortige Zustände melden zu wollen, die Gegen= wart an der Hand der Thatsachen zu schildern und über die Zukunft des amerikanischen Continents, dessen fernere Entwickelung und Gestaltung lediglich von seinem Waldbestand und dessen Behandlung abhängig ist, einige Betrachtungen anzustellen.

Als einen Versuch, und zwar als einen sehr schwachen, müssen wir das Nachfolgende ansehen, ist man doch in Amerika selbst in den bethei= ligten Kreisen über manche der hauptsächlich in Betracht kommenden Fragen durchaus im Dunkeln, denn da man den größten Theil jenes Waldlandes bisher niemals vermessen hat, geschweige im Besitz von Karten ist, so fehlt eine der wesentlichsten Grundlagen, um sich ein richtiges Urtheil bilden zu können. Aber selbst bei der Schwierigkeit der Aufgabe, dieses mächtige Gebiet in forstlicher Beziehung selbst nur in einigen wesentlichen Punkten untersuchen und schildern zu wollen, glauben wir trotzdem ein ziemlich gutes Bild des allgemeinen Zustandes geben zu können, da uns so viele dankenswerthe Materialien von ersten wissen= schaftlichen Autoritäten in Amerika zugeflossen sind, sei es in Form aus= führlicher Correspondenzen, oder in Publikationen jener Männer. Wir wurden hierdurch in die Lage versetzt, die vielen Widersprüche, welche sich in unzähligen Druckschriften über diese Materie finden und Richtiges und Falsches bringen, zu controliren und entstellende überschwengliche Berichte auf das richtige Maß herabsetzen zu können. Somit erhebt diese Dar= stellung nicht den Anspruch, in allen Punkten correct und erschöpfend

berichten zu wollen, sie wird aber im Wesentlichen, basirt auf klas=
sische Zeugnisse zweifelloser Persönlichkeiten und officieller Aktenstücke, und
nur um solche authentische Beläge handelt es sich hier (wenn diese letz=
teren auch oft hinsichtlich ihrer Gründlichkeit vieles zu wünschen übrig
lassen), Richtiges bringen und namentlich die Hauptmomente, auf welche
es uns hier vorzugsweise ankommt, in einer kurzen Skizze klar darzu=
legen suchen.

Mit einigen wenigen Ausnahmen halten die amerikanischen Wald=
bäume unsere Winter aus, — und wo sie nicht gedeihen, sind in den
meisten Fällen fehlerhafte Anbauversuche und lokale Gründe, nicht aber
die Kältegrade unserer Winter die Ursache des Mißerfolges. Viele
dieser Laub= und Nadelhölzer liefern mehr oder minder technisch werth=
volles Material, nutzbringender zu verwenden im Handwerk, in der In=
dustrie und im Schiffsbau, als ein großer Theil unserer einheimischen
Hölzer es gestattet. Sodann aber muß den Weiterblickenden, — und
wessen Beruf ist wohl so auf die vorsorgende Zukunft gerichtet, als der
des Forstmannes, — Amerika ganz besonders interessiren, da ein großer
Theil der jetzt in Europa verarbeiteten besseren Hölzer aus jenen Arten
bestehen und alljährlich dorther bezogen werden.

Es kann uns daher nicht gleichgültig sein, wie es mit der Zukunft
jener Wälder stehen mag, nicht nur in Bezug auf unseren eigenen Im=
port, sondern auch auf den ganz kolossalen nach Großbritannien und
anderen europäischen Ländern, da eine Abnahme des amerikanischen Ex=
ports wesentlich auf unseren Absatz nach anderen Ländern wirksam sich
erweisen muß.

Als im 17. Jahrhundert Europäer, namentlich Engländer, nach
Nordamerika übersiedelten, fanden sie, daß die neue Welt wesentlich von
ihrer alten Heimath verschieden sei. Der mit der Vegetation des nörd=
lichen Europas nicht zu vergleichende Reichthum an Arten, welche eine
große Mannigfaltigkeit und Schönheit der Belaubung haben und welche
in manchen Beziehungen den europäischen in ihrer vielfachen Anwendung
des vorzüglichen Holzes vorzuziehen waren, und die Massenhaftigkeit und
Großartigkeit der Wälder, die bis dahin selten oder nie eines Menschen
Fuß betreten hatte, ließen schon damals den Gedanken an die Unerschöpf=
lichkeit entstehen und rücksichtslose Vergeudung muß schon damals gleich
Platz gegriffen haben. Wenig wissen wir aus jenen Zeiten, aber einige
kurze Aufzeichnungen bezeugen es. Im Jahre 1681 wurde eine sehr
weise Verordnung erlassen von William Penn, Besitzer des ihm von
der englischen Regierung überwiesenen Landes, welches er nach sich und
dem großen Wald, den er vorfand, Pennsylvanien genannt hatte, daß

jeder, der Wald abholzte, Sorge dafür zu tragen hätte, für jede her=
untergeschlagenen fünf Acres einen Acre mit Bäumen stehen zu lassen,
und daß besonders Eichen und Maulbeeren für Schiffsbau und Seiden=
zucht geschont werden sollten. Sodann finden wir in einer Geschichte der
Stadt New=York ein Aktenstück, welches meldet, daß im April 1699 drei
Bürger gewählt wurden, um eine Untersuchung über die Unzuträglichkeit
und den Schaden anzustellen, welche die Einwohner der Stadt „Breucklyn"
(jetzt Brooklyn) zu erdulden hätten, weil unautorisirte Personen die besten
und stärksten Bäume fällen und die Wälder verwüsten. Gesetze wurden
erlassen und Strafen verhängt. Es ist nicht anzunehmen, daß jene be=
obachtet worden sind, da die unruhigen Verhältnisse, die Unsicherheit der
Kolonisten, die fortgesetzten Streitigkeiten mit dem Mutterlande bis zur
Unabhängigkeitserklärung, keine Zeit gelassen haben werden, sich mit der
Aufrechterhaltung solcher Verordnungen zu befassen.

Zu Ende des vorigen Jahrhunderts finden wir ein anderes Gesetz,
vom Präsidenten erlassen, einige Ländereien, welche mit passenden Schiffs=
bauhölzern für die Kriegsmarine bestanden wären, zu reserviren. Da
diese damals aber nur aus wenigen Schiffen bestand, waren die Wälder,
welche als Eigenthum des Staates wirklich geschützt waren, auch nur
wenige, und zwar mit Eichen bestanden, und konnte jene Verordnung
auf die allgemeinen Verhältnisse keine Wirkung haben. Im Jahre 1817
betrug das in dieser Weise geschützte Land ungefähr 20 Quadratmeilen.
Fernere Gesetze aus den Jahren 1820—1840 betrafen den Verkauf von
Regierungsländereien. Bei diesen machte man keinen Unterschied zwischen
werthvoll bestandenem Waldland und kahlen Flächen, weil man in Er=
mangelung der genaueren Kenntniß jener Distrikte selbst nicht wußte, ob
das Land bewaldet war oder nicht. Der Kaufpreis betrug für den Acre
1¼ Dollar (Report upon Forestry); scheinbar verpflichtete sich der
Käufer das Land zu kultiviren und wurde das Kaufgeld auf 33 Monate
creditirt. Die großen Spekulanten hatten aber nur die Holzvorräthe im
Auge, — rücksichtslos wurde alles geschlagen und vor dem Ablauf der
langen Frist von fast drei Jahren verschwanden diese vorgeblichen An=
siedler, die Regierung hatte das Nachsehen und bekam auch nicht einmal
ihren geringen Kaufpreis ausgezahlt. Um nun schließlich den vor ihrem
Abzug begangenen Holzdiebstahl zu verdecken, wurde ein Waldbrand in
Scene gesetzt, der dann noch größeren Schaden anrichtete, als derjenige
war, den er verdecken sollte. Bis zum Jahre 1854 hatte man ein System
von „Holzagenturen", welche unter dem Finanzministerium standen, dann
löste man diese auf und richtete lokale Landdistrikte mit Beamten ein,
welche dem Holzgeschäft ihres Distrikts vorzustehen hatten; auch wurde

die ganze „Landfrage" dem Ministerium des Innern unterstellt. Mit
diesem Wechsel haben die Uebelstände sich aber nicht geändert. Viele
Territorien, ohne den geringsten Schutz seitens der Regierung, werden
nach wie vor in der unglaublichsten Weise ihrer kostbaren Holzbestände
beraubt. In einzelnen Fällen wird ein solcher Diebstahl bestraft, es ist
der Regierung aber im Allgemeinen mehr darum zu thun, einen mora-
lischen Druck auszuüben, einmal zu zeigen, daß ihr der Wald doch eigentlich gehöre, als um wirklich energisch die Sache selbst bessern zu wollen.
Die ganze Strafe besteht dann in einem Vergleich, das gestohlene Holz
wird geschätzt, natürlich nominell, da in solchem Fall Niemand bietet.
Der Dieb bezahlt eine Kleinigkeit angesichts des wirklichen Werthes und
alle Parteien sind befriedigt. Von 1868—1872 waren ca. 150000 Dollars
aus solchen Verkäufen von gestohlenem Holze für die Regierung übrig,
während der wirkliche Werth des Holzes auf viele, viele Millionen geschätzt wurde. Daß Regierungsländereien unter den Augen sogenannter
Beamten in solcher Weise geplündert werden, hat viel dazu beigetragen,
kommunistische Ideen der allerschlimmsten Art entstehen zu lassen, —
jeder betrachtet eben den Wald wie sein Eigenthum und schlägt zum
eigenen Gebrauch und zum Handel im Großen, was er bedarf. Aus-
nahmslos betonen alle officiellen Berichte aus dem letzten Decennium
1870—1880 die zunehmende Verwilderung und Rücksichtslosigkeit gegenüber den Waldverhältnissen, und manche erklären geradezu, daß es überhaupt sehr zweifelhaft sei, ob irgend welche Gesetze eine Aenderung herbei-
zuführen im Stande sein würden. Anstatt mit den schärfsten Strafen
vorzugehen, um sich Autorität zu verschaffen, — ein schwieriges Unternehmen in einer Republik, wie es scheint, — wurde vom Minister des
Innern im Mai 1877 eine neue Verordnung erlassen, die thatsächlich
angesichts des gegenwärtigen Zustandes das Schwächlichste ist was man
sich denken kann: Die Beamten oder Landagenten hören auf zu funktio-
niren und von Washington aus sollen von Zeit zu Zeit »Employés«
gesandt werden, um zu untersuchen, wo, wann und von wem Holzdieb-
stähle auf öffentlichen Ländereien begangen sind, sie sollen nach Washington
berichten, der Betreffende soll gerichtlich verfolgt werden u. s. w. u. s. w.
Diese Verfügung erregte eine allgemeine Entrüstung in dem „Holzdiebstahlring". In seinem Jahresberichte an den Präsidenten 1877 sagt der
Minister des Innern wörtlich: Das aus den Staatsländereien geraubte
Quantum Holz ist ganz enorm, viel mehr als man glaubt, man schlägt
nicht nur, was man selbst gebraucht, sondern ein großer Theil der ex-
portirten Massen ist gestohlen, ohne daß die Regierung einen Vortheil
oder eine Einnahme davon gehabt hätte. Der Holzdiebstahl ist eben ein

ſyſtematiſch organiſirtes Geſchäft und die raſche Entwaldung des Landes
muß jeden denkenden Unionsbürger mit großer Beſorgniß erfüllen.

Das iſt das „freie" Amerika! Nur dem Einzelnen in ſeiner „Frei=
heit" keine Schranken ſetzen, mag er auf Jahrhunderte hinaus durch
ſeinen großartig organiſirten Diebſtahl an den öffentlichen Waldungen
ganze Gegenden verwüſtet und unbewohnbar gemacht haben! Das Gefühl
empört ſich beim Leſen dieſer Schandthaten und man möchte an Stelle
dieſer ſchrankenloſen Willkür, die man „Freiheit" zu nennen beliebt,
einen geſunden Abſolutismus ſehen, der damit anfinge, nach der dem
Amerikaner eigenen Methode jeden zu lynchen, der mit der Axt in der
Hand auf Regierungsland in flagranti ertappt würde!

Die Machtloſigkeit der Regierung dieſen Zuſtänden gegenüber iſt
eklatant und daher die Aufforderung einzelner Staaten an den Congreß,
die Bundesländereien ihnen zur ſelbſtſtändigen Pflege und Ueberwachung
zu überlaſſen, durchaus vernünftig. Bisher iſt dieſen gewiß gerechtfer=
tigten Wünſchen nicht entſprochen. Der Staat Colorado hat eine von
ſehr richtigen Geſichtspunkten ausgehende Denkſchrift überreicht, worin
geſagt wird, daß die Regierung bisher nichts zum Schutze der Wal=
dungen hat thun können, daß der Holzdiebſtahl und die oft monate=
lang dauernden Waldbrände das an und für ſich nicht ſehr bedeutende
Waldareal Colorados derart reducirt haben, daß, wenn dieſes in dem
Verhältniß weiter ginge, wie ſeit 20 Jahren, wo dieſer Staat ſich bil=
dete, man in den nächſten 25 Jahren am Ende der Verwüſtung ange=
kommen ſein würde; ſodann werden die weiteren Folgen in Bezug auf
Abnahme des Ackerbaues, Verſchlechterung des Klimas u. ſ. w. entwickelt.
Eine ähnliche Denkſchrift des Board of Agriculture aus dem Jahre 1869
im Staate Maine enthält nach Schilderung der Verwüſtung u. ſ. w. die
höchſt bemerkenswerthe Aeußerung: „Sollen wir aus dieſen Vor=
gängen lernen, daß nur Monarchieen im Stande ſind, auf die Dauer
dieſe uns von der Natur gegebenen Schätze zu conſerviren, und kann
eine Republik ſich nicht ermannen, ihr Land ſo zu ſchützen, daß es für
die Nachkommen bewohnbar iſt?"

Was nützt es nun angeſichts dieſer Zuſtände, wenn der Congreß
Geſetze erläßt, um Holzanpflanzungen durch Gewährung freien Landes
zu fördern. Die „Timber Culture Act" von 1873/74 gewährte Jedem,
der 40 Acres anpflanzte und auf zehn Jahre in guter Ordnung hält,
nach Ablauf dieſer Zeit das Recht, fernere 160 Acres Bundesland un=
entgeltlich als ſein Eigenthum zu erhalten. Die Bäume durften auf
12 Fuß Entfernung gepflanzt werden und damit war natürlich das Fiasko
dieſes Geſetzes entſchieden, — denn was ſollte wohl bei einer ſolchen

Pflanzweite herauskommen? Auch in anderen Beziehungen waren die Verhältnisse durchaus fehlgegriffen und schon in den Jahren 1876/1877 wurde das Gesetz amendirt; auch können diese Kulturen, meistens aus Pappeln und anderen raschwachsenden Arten bestehend, doch wirklich nichts bedeuten im Vergleich mit einer wohlorganisirten Abholzung durch Tausende von Holzdieben mit nachfolgendem Waldbrand einiger hundert Meilen werthvoller Jahrhunderte alter Nadelhölzer! Auch manche einzelne Bundesstaaten, Colorado, Connecticut, Dakota, Kansas, Maine, Massachusetts, Michigan, Jowa und andere, haben Gesetze erlassen, um die Holzzucht zu befördern, mit mehr oder weniger abweichenden Bestimmungen, wie sie in der „Timber Culture Act" enthalten sind, — mit welchem Erfolg, dafür wollen wir statt vieler nur ein recht charakteristisches Beispiel nennen. Im Staate Jowa wurde bestimmt, daß für jeden Acre, mit Waldbäumen bepflanzt, dem Besitzer ein bestimmter Betrag von seinen jährlichen Steuern erlassen werden solle. Nachdem das Gesetz einige Zeit in Kraft gewesen, meldet ein unparteiischer amerikanischer Berichterstatter darüber Folgendes: „Eine hübsche Summe ist schon verausgabt für die Beamten, um eine genaue Aufnahme der Ländereien vorzunehmen, welche auf Antrag der Besitzer für von ihnen ausgeführte Pflanzungen von der Steuer befreit sein wollen, der Gesammtwerth der bepflanzten (?) Ländereien, welche nun eine Steuerermäßigung beanspruchen, belief sich auf ungefähr 6 Millionen Dollars, — danach hätten sechszigtausend Acres bepflanzt sein müssen. Kein Mensch glaubt, daß auch nur annähernd im Staate Jowa solches Quantum neu angepflanzt ist, und es ist ganz klar, daß irgend Jemand den Staat bestiehlt unter dem Vorwand, Baumpflanzungen zu befördern. Als allgemeine Regel kann gesagt werden, daß, wie auch in Europa die Verhältnisse sein mögen, bei uns sehr wenig durch die Gesetzgebung gethan werden kann, um Waldkultur zu heben. Sobald etwas derartiges vorgeschlagen wird, werden bei uns hochbezahlte Stellen geschaffen für unwürdige Subjekte, und es ist unglaublich, wie wenig Erfolgreiches für diejenigen Zwecke geleistet wird, die man fördern will." Auch in anderen Staaten hat man Hunderttausende für Beamte ausgeben müssen, welche die Schätzung des neubepflanzten (?) Landes aufnehmen mußten, und auch hier geht man schon damit um, diese Gesetze wieder abzuschaffen, theils wesentlich zu ändern.

Nicht um statistisches Material zu liefern, sondern nur um sich einigermaßen ein Bild machen zu können von den gewaltigen Dimensionen, in denen man in dem freien Amerika auch in diesen Dingen im Großen arbeitet, sei es uns hier gestattet, über die Ausdehnung einiger

Waldbrände, den Consum und die Waldverwüstung einige Beispiele an=
zuführen. Im Jahre 1871 fanden in den Rocky Mountains und in
den nordwestlichen Staaten Waldbrände statt, deren man sich lange er=
innern wird, und diejenigen in Michigan und Wisconsin waren ganz
ohne Beispiel, — betrug doch das von jenen verheerte Gebiet — Wald
und Prairie — Tausende von Quadratmeilen, Menschen und Vieh ver=
brannten und der Schaden bezifferte sich auf Hunderte von Millionen
(Report of Chief Signal Officer War Dept. 1872). Die Brände
im sehr trockenen Jahr 1871 waren überhaupt derart, daß die ver=
brannten Holzmassen gleich einem zehnjährigen Holzconsum des ganzen
Landes geschätzt wurden! Ein großer Theil entstand durch Locomotiven,
auch sind manche durch Holzhacker und Köhler angelegt, um für sich
auf diese Weise Holzqualitäten zu gewinnen, welche ihnen sonst nicht
verkauft werden (Report of the New Jersey State Board of Agriculture 1874). Professor Sargent von der Harvard=Universität sagt
in einem Vortrag 1878 über die gegenwärtigen und zukünftigen Zustände
der amerikanischen Forsten: „Mit rapider Schnelligkeit verschwinden
unsere „„unerschöpflichen"" Wälder der Sierra, — ich zählte im vorigen
Jahre in Yosemite von einem Punkte aus 19 große Waldbrände, welche
mehr oder weniger durch Unachtsamkeit der Schäfer entstanden sein
mochten." Im Jahre 1877 fanden großartige Waldbrände statt in fol=
genden Staaten: New=York, Long Island, Massachusetts, New Hampshire,
Maine, Pennsylvania, Canada, ein großer Theil der weißen Berge stand
in Flammen. Auch im Jahre 1879 rasten die Waldbrände mit unge=
wohnter Heftigkeit in einigen der östlichen Staaten, Tausende und aber
Tausende Acres werthvollsten Bestandes zerstörend. Einer der bedeu=
tendsten fand im nördlichen Theil von New Jersey statt, welcher größeren
Schaden verursacht hat, als irgend ein früherer. Der Nachwuchs,
welcher sich auf den abgebrannten Flächen im Jahre 1873 bei dem da=
maligen sog. „Großen Feuer" gebildet hatte, wurde wiederum ein Raub
der Flammen, und betrug die ganze abgebrannte Fläche ca. 30,000
Acres. Die hier lebende Bevölkerung war auf die Holzindustrie ange=
wiesen und viele Familien wurden brodlos. Es unterliegt keinem Zwei=
fel, daß das Feuer an verschiedenen Stellen gleichzeitig angelegt worden
ist. So könnte man Bogen füllen, — ein Beispiel immer schrecklicher,
in seinen Folgen verheerender als das vorhergehende.

Man hat vorgeschlagen, große Prämien denen zu zahlen, welche
Waldbrände löschen, ehe sie einen zu großen Umfang erreichen, aber ein
Amerikaner, welcher seine Leute kennt, sagt, daß diese Maßregel die Zahl
der Feuer nur vermehren würde, da sie eine gute Gelegenheit sein würde,

ein „Geschäft zu machen", kleine Feuer anzuzünden, und mit gehöriger Organisation sie bald zu löschen und die Prämie einzustreichen. Was durch Waldbrände zerstört wird, entzieht sich aller Schätzung, nur so viel läßt sich nach übereinstimmenden Berichten im Allgemeinen sagen, daß die Masse des jährlich durch Feuer zerstörten Holzes weit größer als diejenige ist, die man alljährlich abtreibt. Betrachtet man die Zahlen für diese, und zählt dazu das vom Feuer zerstörte, — was jeder sich nach eigenem Ermessen berechnen mag, so kann man sich ein ungefähres Bild der abnehmenden Holzquantitäten machen. Die „Oscoda News" (Staat Michigan) schätzen die Abholzungen an den Flüssen „Au Sable" und „Pine River" für's Jahr 1878/79 auf 455 Millionen Fuß, während sie 1872/73 nur 120 Millionen betrugen, und Niemand erinnert sich, daß je in einer früheren Campagne solche Massen gefällt wurden. Im Chicago=Handelsblatt las man: Die nordwestlichen Holzhauer, bewaffnet mit den neuesten und wirksamsten Waffen, um die Wälder zu zerstören, rüsten sich, der Hieb von 1878/1879 wird alles bisherige in dieser Beziehung weit hinter sich zurücklassen und das an dem Muskegonflusse zu liefernde Quantum ist auf 400 Millionen Fuß kontrahirt. So schwinden unsere herrlichen Wälder! Diese Beispiele könnten fast für jeden Staat, der überhaupt noch Wälder hat, in ähnlicher Weise wiederholt werden, und man hat das Gefühl, als ob jeder beim Abholzen und beim Holzgeschäfte Interessirte sich möglichst beeilt, um in fieberhafter Hast noch möglichst viel zu erlangen, da diese Wirthschaft lange so nicht mehr fortgehen kann. In Nordamerika befanden sich 26,000 Sägemühlen und betrug der Werth des gesammten Rohmaterials, welches im Jahre 1878 verarbeitet wurde, rund 500 Millionen Dollars (Zwei Milliarden Mark). Man darf mit Recht annehmen, daß die Hunderttausende, welche sich mit dem Holzdiebstahl im Großen befassen, daß der ganze „Holzdiebstahlring" in dem offiziellen Census seine Diebstähle nur ungenau wird registrirt haben lassen, und da diese Banden ganz kolossale Massen abtreiben, so wird man der Zahl der offiziellen Millionen noch viele, viele ungezählte Millionen hinzufügen können. Die Consumtion von Holz ist in einigen Staaten, wo wenig Kohlen vorhanden, ganz bedeutend, da es das einzige Brennmaterial ist; so gebraucht Massachusetts mit einer Bevölkerung von ungefähr 800,000 Einwohnern für 6 Millionen Dollars Holz, ohne in irgend einer rationellen Weise für Nachwuchs zu sorgen; nach einer andern Notiz soll es 25 Städte geben, die gar keine Kohlen, aber eine jede den Bestand von 5= bis 10,000 Acres jährlich consumiren. Im Staate Maine mit 1,100 Sägemühlen, ist man mit der Abholzung so weit gekommen, daß der Farmer in manchen Gegenden aus anderen Diſtrikten das Holz weit her kommen laſſen muß, und man berechnet den Zeitraum bis zur völligen Entwaldung dieſer Staaten auf 15—20 Jahre. Der Schiffbau, welcher ſich vor langen Jahren hier etablirte, geht zurück, denn der Staat Maine, welcher wegen ſeiner großen Waldungen der Kiefern-Staat (Pine State) genannt wurde, muß die nöthigen Hölzer jetzt von anderen Märkten kommen laſſen. In einigen Staaten Nord Carolinas (Report of State Geologist 1875) iſt nicht ſo viel Holz, daß man die jährlichen Reparaturen an den Fences machen könnte. Statt, daß man hier das Land allmälig nach Bedarf für die Landwirthſchaft urbar machte und das Holz ſchlug, hat man mit einem Male das Dreifache abgeholzt und kann dieſes Land nun für den Ackerbau nicht verwerthen. Ueberall Ver= geudung und ſinnloſes Vorgehen! Im Staate New-York mit 3510 Sägemühlen wird ſchon aus Canada und aus anderen weſtlichen Staaten importirtes Holz konſumirt.

Pennſylvanien mit 3738 Sägemühlen hat ebenfalls den größten Theil ſeiner Wälder eingebüßt, — die Susquehanna-, Monongahela= und Alleghanywälder haben keine großen Bäume mehr. Die Wälder der öſtlichen Staaten haben thatſächlich keine nennenswerthen Beſtände. New Hampſhire, Ohio, Indiana, Delaware, Maſſachuſetts, Connecticut, Rhode Island haben kaum Holz genug für den eigenen Bedarf ihrer Bevölkerung. Die waldloſen Ebenen weſtlich des Miſſouri ſind gänzlich abhängig von den nordweſtlichen Staaten. Die meiſten öſtlichen Staaten mit wenigen Ausnahmen ſind von größeren Hölzern ganz entblößt, und diejenigen, die noch einen Holzvorrath haben, werden nach Schätzungen in 15 Jahren auch mit dem ihrigen zu Ende ſein.

Was die Eiſenbahnen, Telegraphen und Einfriebigungen (Fences) alljährlich konſumiren, überſchreitet alles Maß.

Nach der Railroad-Gazette wurden in den Jahren 1872—1879, 27,561 engliſche Meilen neue Eiſenbahnen gebaut, wodurch ſich die Ge= ſammtlänge aller Bahnen in Nordamerika auf 86,263 Meilen erhöht. Die Schwellen für die neuen Bahnen und die Reparaturen der alten abſorbiren nach einer uns vorliegenden Schätzung jährlich den Beſtand von 150,000 Acres; auch verzehrt das Heizen mit Holz bei einem ſehr großen Theil der Locomotiven außerordentliche Maſſen. Die Einfriedi= gungen der Bahnen haben eine Geſammtlänge von 125,000 Meilen, und 25,000 Tons Holz (à 20 Ctr.) werden alljährlich für Telegraphen benutzt. Die ſämmtlichen Ziegeleien verbrennen Holz von 40,000 Acres und Chicago braucht allein den Beſtand von 12,000 Acres als Brenn= holz. Der Geſammtwerth der Fences wird nach dem letzten Cenſus auf 1700 Millionen geschätzt, deren jährliche Unterhaltung 198 Millionen kostet!

Aus Boston wird uns von sehr kompetenter und geachteter Seite in großen Zügen ein Gesammtbild über diese Frage entwickelt, aus welchem wir einiges Wesentliche mittheilen.

„Unter den 26 Staaten, welche die Neuengland-Besitzungen, die mittleren, westlichen und nordwestlichen bis zu dem Felsengebirge umfassen, giebt es nur drei, welche über ihren eigenen Consum hinaus abzugeben in der Lage sind: Michigan, Minnesota und Wisconsin. Bei der großen Nachfrage indessen schlägt man hier in der unverantwortlichsten Weise, und 6—8 Zoll im Durchmesser haltende Weymouthskiefern findet man schon vielfach zur Verarbeitung in den Sägemühlen. Um diesen Bedürfnissen nachzukommen, wird in weiteren 6—7 Jahren der Holzbestand dieser drei Staaten auch zu Ende sein. Und trotz dieser Sachlage werden die Wälder heruntergeschlagen, als ob unser Wohlsein von dem möglichst schnellen Verschwinden derselben abhinge. Die Holznoth, welche dann eintreten wird und muß, spottet aller Beschreibung, da wir uns keine Industrie, ja keine Thätigkeit denken können, welche ohne reichliche Anwendung von Holz in mannichfaltiger Art und Form existiren kann. Es ist überall eine Kurzsichtigkeit und ein Unverstand, welche schwer zu verstehen sind. Nicht nur wird das geschlagen, was man im eigenen Staate gebraucht, sondern die Märkte sind mit Holzmassen überfüllt, und unsinniger Weise versucht man den canadischen Hölzern auf dem Londoner Holzmarkte Concurrenz zu machen, — indem auch dort nachweislich in einigen Jahren der Vorrath erschöpft sein wird. Es giebt eine Menge Theorieen und wissenschaftliche Abhandlungen über den Einfluß der Wälder auf die Vegetation, auf das Klima, auf unsere Waldverhältnisse u. s. w., hat aber schon einer einmal darüber nachgedacht, wie es bei uns aussehen wird, wenn wir am Ende mit unseren Wäldern angekommen sein werden? Wer von unseren Staatsmännern hat sich Rechenschaft gegeben, welchen Effekt dieser Tag auf 173,450 industrielle Etablissements haben wird, welche nach dem Census 1,093,000 Menschen beschäftigen, — wer sich den Zustand ausgemalt, was aus den Ansiedelungen in der unbegrenzten baumlosen Prairie werden soll, geschweige, daß von Neuansiedelungen nicht wird die Rede sein können? Wer hat sich die Mühe gegeben, zu berechnen, was es heißt, jährlich 500 Millionen Dollars außer Landes zu schicken, um nur unseren eigenen jährlichen Bedarf zu decken? welchen sämmtliche Schiffe der Erde nicht im Stande sind an unseren Küsten zu landen, da jene zusammen 18,000,000 Tons enthalten, — unser jährlicher Con-

sum aber 12,755,000 Fuß ausmacht (Census 1870), welche gleich
21,000,000 Tons berechnet werden können. Aus der absoluten Gleich-
gültigkeit, wie heute bei uns gearbeitet wird, könnte man fast annehmen,
als ob man auch ohne Holz leben könnte, oder als ob man eines schönen
Tages nun wie man Korn baut, sich auch auf den Holzbau legen könnte.
Aber es währt ein Jahrhundert, bis man ein ordentliches Stück Tannenholz ziehen kann, und wenn es ein Land giebt, welches noch verhältnißmäßig am leichtesten ohne Holz sein könnte, so ist es Großbritannien
und doch ist auch hier in den letzten 10 Jahren jährlich der Consum
(großentheils aus unserem Export bestehend) um 10% gestiegen, ja im
letzten Jahre nach der offiziellen Handelsstatistik um 31% gegen 1875,
und der Gesammtimport in England betrug 100 Millionen Dollars.
Ich weiß, daß bei uns noch die irrige Meinung vorherrscht, daß, wenn
in den Vereinigten Staaten nichts mehr zu haben sein wird, Canada
uns noch auf „Jahrhunderte" hinaus wird versorgen können. Auf
Grund persönlicher Kenntniß der Zustände jener Länder aber erkläre ich,
daß solche Anschauung von der größten Unkenntniß zeugt. Die ganzen
Vereinigten Staaten mit canadischem Holz zu versorgen, würden 3—4
Jahre genügen, um auch hier eine totale Abholzung eintreten zu lassen.
(Stimmt durchaus mit den nachfolgenden offiziellen Daten über Canada.)

Eine nahe Zukunft schon wird endlich unserer Regierung den Noth-
stand nur zu deutlich zeigen und beweisen, daß es eine weise Maßregel
gewesen wäre, auf die Einführung fremder Hölzer angesichts unserer
Zustände eine Prämie zu setzen, statt durch Prohibitiv-Zölle sie von
unserem Lande zu verbannen!"

Welche Wirkungen sich bereits in manchen Staaten der Union in
Folge dieser rücksichtslosen Vergeudung fühlbar machen, und daß die
Entwaldung auf die klimatischen Verhältnisse und die Fruchtbarkeit des
Landes sich höchst unbehaglich und oft ziemlich plötzlich bemerkbar macht,
kann den, der Aehnliches in anderen Ländern beobachtet hat, nicht in
Erstaunen setzen, und auch bei uns in Deutschland können wir davon
reden. Bis vor wenigen Jahren ist auch bei uns noch mehr consumirt,
als aufgeforstet, und die stetige Abnahme der Wälder kann aus zahl-
reichen Beispielen nachgewiesen werden, der mittlere Wasserstand unserer
Flüsse hat abgenommen, und die Witterungs-Verhältnisse sind allenthalben weniger angenehm geworden, weniger stabil und schroffer in ihren
Uebergängen.

Es ist überall dasselbe alte Lied, was sich in Spanien, Frankreich,
Italien, Kleinasien wiederholt, von dem blühenden Zustand jener Länder

und Landstriche vor der Entwaldung und ihrem Rückgange in jeder Richtung, namentlich in ihren Productions-Verhältnissen nach derselben. Manche Amerikaner betrachten diese Devastation wie ein nothwendiges Uebel, — wie eine Kinderkrankheit, die, weil so viele europäische Staaten sie durchgemacht haben, nun auch bei ihnen austoben muß. Sie vergessen aber, daß bei den vor langer Zeit in Europa im Großen stattgefundenen Entwaldungen es damals nur wenig einsichtsvolle Menschen gab, welche sich in dem Maße der schädlichen Folgen bewußt waren, heute kennt diese nicht nur bei uns, sondern auch in Amerika Jedermann. Entwaldungen der früheren Jahrhunderte sind daher fast alle zu entschuldigen, da man sich eben nichts dabei dachte, — wer sich heute daran betheiligt, dem stehen, mit Ausnahme wilder Völkerschaften, Entschuldigungen über seine Unkenntniß nicht zur Seite. Die Verschlechterung des Klimas im Großen und die Unbewohnbarkeit einer Gegend wird durch Abholzung großer Waldflächen im ersteren, und durch Herunterschlagen kleinerer Baumbestände im letzteren Falle herbeigeführt.

Das wissen heute Alle, und die Amerikaner könnten sich das Lehrgeld sparen, für sie verspricht dieses rücksichtslose Vorgehen gerade ebenso, ja wegen der kolossalen Entwickelung ihrer industriellen Verhältnisse, noch weit verhängnißvoller zu werden, wie es allen anderen Ländern mit ähnlichen Vorgängen zum Verderben gereichte.

Es liegt uns ein Bericht vor, welcher nachweist, daß seit 125 Jahren durch die Entwaldung die nothwendige Feuchtigkeit für den amerikanischen Boden durchschnittlich um 7% für jedes Vierteljahrhundert abgenommen habe, und daß man sich jetzt der Grenze nähere, wo eine fernere Abnahme derselben das Klima des ganzen Continents wesentlich beinflussen würde, ferner, daß es höchst wahrscheinlich sei, daß man in Bezug auf Klima, Fruchtbarkeit und Gesundheit vielen Leiden entgegengehen werde, wenn man in der Weise zu wirthschaften fortfahre, wie es bisher geschehen sei. Seit 150 Jahren habe man nur die Wälder geschlagen, für die nächsten 150 Jahre solle man wenigstens versuchen, das zu ersetzen, was man verwüstet habe. — Am schlagendsten läßt sich in vielen Gartenkulturen die Verschlechterung des Klimas nachweisen. Es gab manche Staaten, in denen man vor einer Reihe von Jahren Pfirsich und dem entsprechend viele andere Gewächse im Freien kultivirte, schon längst hat dieses aufgehört. Im südlichen Indiana (Report upon Forestry) gab der Pfirsich bis vor Kurzem eine regelmäßige Ernte, während Mißernten jetzt die Regel geworden sind, — fast dasselbe ist mit den doch viel härteren Aepfeln und anderen Obstsorten der Fall. Das Frühjahr kommt soviel später, Nachtfröste, Stürme und Unwetter sind so häufig, daß alle Kultur erschwert ist. Nachtfröste im Mai und Juni sind nichts Seltenes, ja, man hat Jahre gehabt, wo es in jedem Monat gefroren hat, — Erscheinungen, welche bis vor Kurzem unbekannt waren. Weizenernten erfroren an manchen Stellen ganz, an anderen war der Schade 20—40%.

Der Eintritt des Frühjahrs zieht sich in vielen Staaten bis April hin, wo er zu Anfang dieses Jahrhunderts im Februar eintrat und ist in manchen dieser Distrikte die Weizenkultur sehr problematisch geworden.

Ein offizieller Bericht aus Illinois vom Juli 1879, welcher über Ernte-Aussichten, Witterungsverhältnisse u. s. w. Mittheilungen macht, sagt, daß der Mangel an Regen im Frühjahr mit dem fortdauernden kalten Winde die Ernte aufs Ernstlichste bedroht habe.

Eine weitere schlimme Folge der Entwaldung äußert sich in der Zunahme der Landplagen, wie Erdeichhörnchen und Heuschrecken. Letztere, welche in den waldlosen Prairiestaaten leben, haben ihr Verheerungsgebiet dahin erweitert, wo der Wald heruntergeschlagen wurde, und ersteres, welches früher in den Wäldern lebte, zieht sich, wo diese verschwinden, in die Felder und Gärten, und die Verwüstungen an Getreide und Früchten sollen alles Maß übersteigen, denn durch die reichlich gefundene Nahrung wird ihre Vermehrung besonders begünstigt, — im südlichen Californien ist dieses Thier eine große Landplage geworden.

Eines interessanten Waldes in Californien, wie er sich auf der Erde nicht wieder findet, haben wir hier zu erwähnen. Er ist ein Unikum, hinsichtlich der Art, erstaunlich in den Größen-Verhältnissen der einzelnen Bäume, und seine Erhaltung von wesentlicher Bedeutung nicht nur für Californien, sondern für einen großen Theil des westlichen Amerika. Sequoia sempervirens, zum selben Geschlechte der bekannten Riesenbäume Californiens gehörend (Sequoia gigantea [Wellingtonia]) erreicht ähnliche Dimensionen, kommt aber im Gegensatz zu jener noch in einem mächtigen geschlossenen Bestande vor. Derselbe beginnt im nördlichen Californien im Humboldtdistrikt und zieht sich 150 Meilen südlich hinunter bis Sonoma in einer durchschnittlichen Breite von 5—8 Meilen, zuweilen unterbrochen von anderen Boden-Verhältnissen, wo der Baum nicht gedeiht. Reicher Boden, der alljährlich überschwemmt wird, läßt sie bis 150 Fuß hoch werden und man hat einzelne Bäume verarbeitet, die über 60,000 Fuß Holz im Werthe von 1000 Dollars gaben.

In den Proceedings of California Academy of Natural sciences wird gesagt: Es ist dieses eine der wenigen Coniferen, welche aus der

Wurzel wieder ausschlagen und mit einer solchen Schnelligkeit, daß der
Boden bald ganz bedeckt ist und jede andere Vegetation unterdrückt wird.
Hat der Baum eine Stärke von 2—3 Fuß erreicht, so widersteht er auch
dem Feuer, Bäume, welche sämmtliche Zweige durch Feuer verloren
hatten, bedeckten sich am ganzen Stamm mit jungen Trieben, als ob
der Baum mit Epheu überzogen wäre. Dieser Wald hat einen so ent=
scheidenden Einfluß auf die ganze Vegetation jenes Theiles von Califor=
nien, indem er die Nebel condensirt und entweder die Feuchtigkeit als
Regen ins Land bringt oder auch als schwere Nebel, welche die Land=
leute wie leichte, äußerst fruchtbare Regen sehr schätzen. Aber auch hier
arbeiten eine Menge Sägemühlen und man hat begonnen, schmalspurige
Eisenbahnen zu bauen, um leichter und schneller diese Holzmassen zu
verwerthen. Die ganz besonderen lokalen Verhältnisse, unter welchen
dieser Baum wächst, namentlich die unmittelbare Nähe des Meeres, wo
diese Waldungen in dem zu ihrem Gedeihen nothwendigen Seenebel
wachsen, lassen seine Naturalisation bei uns nicht zu. Dr. Bolander
sagt in einer Abhandlung der California Academy of Sciences: „Es
ist meine feste Ueberzeugung, wenn diese Sequoia=Wälder nicht mehr sein
werden, — und sie müssen und werden verschwinden, wenn
unsere Regierung sie nicht durch Gesetze schützt, — daß
Californien eine Wüste im wahren Sinne des Wortes wer=
den wird. Von dem Bestande dieser Wälder hängt das zukünftige
Wohl und Wehe unseres Staates ab. Sie allein bilden unsere Sicher=
heit. Weise Regierungen haben in Europa entwaldete Gegenden wieder
aufgeforstet, und können neue Wälder im Laufe einiger Generationen
schaffen, keine Macht der Erde aber kann diesen Sequoia=Bestand Cali=
forniens wieder in's Leben rufen.“

Wir haben bisher die Wälder der nordamerikanischen Republik be=
handelt und gehen nun über zu denen, welche im Norden der Vereinigten
Staaten Eigenthum der Britischen Krone sind. Da hier sich noch mäch=
tiger Waldbestand, wenn auch vornehmlich in Britisch=Columbia, findet,
so würde unsere Darstellung unvollständig sein, wenn nicht auch dieser
besprochen würde. Das „Dominion of Canada“ ist 153 Tausend
Qu.=Meilen groß und umfaßt folgende sechs Provinzen: Prinz Edward=
Insel, Neu=Braunschweig, Nova Scotia (Neu=Schottland), Quebec,
Ontario und Britisch=Columbien. In Canada befinden sich im Ganzen
5254 Sägemühlen! Aus einem offiziellen Bericht an das englische
Parlament über Colonial-Timber ersehen wir, daß in keiner
Provinz Gesetze für die Neupflanzung entwaldeter Flächen erlassen sind,
und nur in Quebec zwei Verordnungen gegen unautorisirte Abholzung

nnd Waldbrände existiren, — beide laut offiziellen Bericht ohne Erfolg. Keine der anderen Provinzen hat irgend etwas in dieser Richtung ge=than. In Neu=Schottland wird Alles ohne Unterschied der Stärke geschlagen, es findet eine reißende Abnahme des Waldbestandes statt, alljährlich durch große Waldbrände verschlimmert, und wird der Holzbe=stand nur wenige Jahre vorhalten. Große Wälder finden sich in Neu=Braunschweig und das Holzgeschäft bildet die Haupteinnahme der Provinz (Holzhandel 26 Millionen Mark). Indessen nehmen auch hier die Wälder nach dem letzten Census zusehends ab, man findet große Stämme der Weymouthskiefer selten, fast garnicht mehr, ebenso kommt die Hemlockstanne nur selten mehr vor. Auch hier ist in nicht ferner Zeit das Ende des Holzbestandes mit Sicherheit zu erwarten. Schon 1696 wurden die Gouverneure des damals unter französischer Herrschaft stehenden Quebecs auf die Waldverwüstung hingewiesen. Es sind seit=dem fast zwei Jahrhunderte verflossen, ohne daß dieser Verwüstung durch die Gesetzgebung Einhalt gethan wäre. 1874 wurde gegen den Wald=brand von der gesetzgebenden Versammlung ein Gesetz erlassen, daß zwischen dem 15. Mai und 15 Oktober kein Feuer näher als ½ Meile vom Walde dürfe angemacht werden. Dieses Gesetz hatte keinen Erfolg, es wurde in schärferer Form amendirt (Legislature of Quebec Cap. XIX).

Zum Schutz des Waldes giebt es ein Gesetz, Dominion Act of 35 Victoria Cap. 23, Section 51, welches lautet: „Wer Holz auf öffent=lichen Ländereien schlagen will, muß sich verpflichten, alle unnöthige Zer=störung des noch nicht schlagbaren Holzes seitens seiner Leute zu ver=meiden." Ein Commentar zu diesem Gesetz sagt: „So unbestimmt und ziemlich nichtssagend es auch lautet, so ist es doch ein Schritt zum Bessern und keines unserer Provinzialgesetze geht in seinen Bestimmungen weiter, aber wir müssen anders vorgehen." Quebec ist die einzige Provinz, welche bestimmte Größen angiebt, in denen das Holz geschlagen werden darf. Es soll nicht länger erlaubt sein, auf Kronländereien „Pine-trees" zu fällen, das am Fuße nicht mindestens 12 Zoll Durchmesser hat." Warum sich dieses auf „Pine-trees", Kiefern, bezieht, während die Fichten und alle anderen ebenso des Schutzes bedürfen, ist unerfindlich, und das Gute, was man erreicht durch Schonung der Kiefern, wird wieder zu nichte gemacht durch doppelte Verwüstung an Fichten und Laubhölzern. Nirgends System! Holzhandel jährlich 36 Millionen Mark. In Canada, sagt der Bericht des Council of Agriculture an den Minister, sei im Jahre 1877 mehr Tannenholz durch Feuer zerstört als mit der Axt gefällt worden.

In Ontario sind einige Holzarten (Weymouthskiefer — Lebens=
baum — Birke) schon derart verschwunden, daß sie kaum noch einen
Handelsartikel bilden. Man kann Meilen weit reisen, ohne einen Baum
zu sehen und man kann sich in die waldloseste Gegend Europas versetzt
glauben. Alle Gesetze, Waldbrände zu verhindern, haben sich durch die
Sorglosigkeit der Anbauer, Jäger und Trapper als gänzlich nutzlos er=
wiesen. Auf der Prinz Eduard=Insel sind Eiche, Ulme, Esche fast
gänzlich durch Feuer und Abholzen verschwunden. Es wird 12 mal so
viel jährlich abgeholzt, als der Bestand es erlaubt, und da das meiste
auf der Insel selbst consumirt wird, so erscheint die fernere Wohlfahrt
ihrer Bewohner in nicht zu ferner Zeit sehr bedroht. Großartiger Wald=
bestand findet sich noch in Britisch=Columbien, theilweise bestehend
aus Douglas=Fichte (Abies Douglasii), Weymouthskiefer (Pinus Strobus), Hemlockstanne (Abies canadensis), Abies Menziesii, Pinus ponderosa und andere. Den lokalen Behörden scheinen diese Wälder un=
erschöpflich und sie würden es auch sein, wenn eine weise Gesetzgebung
für eine rationelle Behandlung sorgen wollte. Es ist aber zu befürchten,
sagt der dem englischen Parlament übergebene Bericht, daß, wenn alle
die von Wald entblößten Provinzen sich für ihren Bedarf hierher wenden,
man in kurzer Frist auch hier die Folgen wird wahnehmen müssen,
namentlich in den Distrikten, wo leicht anzukommen ist; — ein großer
Theil dieser Wälder ist jetzt noch unzugänglich. Waldbrände sind auch
hier häufig, und da die Hauptsubstanz der Wälder aus mächtigen Stäm=
men, welche sich durch besonderen Harzreichthum auszeichnen, besteht, so
ist selbst mit dem größten Waldreichthum auf die Dauer keine Rechnung
zu machen. Irgend eines Schutzes genießen diese Wälder natürlich nicht.

Ziehen wir nun die Consequenzen aus dem Vorhergesagten, so
wirft sich die Frage auf: Was ergiebt sich aus all diesem für die
Zukunft?

Hat man ein Uebel erkannt und sorgt alsbald durch wohlerwogene
zweckmäßige Maßregeln, welche energisch durchgeführt werden, für eine
Aenderung des Systems, so lassen sich die schlimmsten Verhältnisse, wenn
auch erst langsam, im Laufe der Zeiten bessern.

Den Zuständen der großen amerikanischen Republik aber scheint es
eigenthümlich zu sein, daß sie diesen allseitig erkannten Uebeln ganz macht=
los gegenübersteht.

Wir haben gesehen, daß jegliche Autorität fehlt, selbst nur dem un=
bedeutendsten Gesetze in Waldfragen Geltung zu verschaffen und es mit
Erfolg zur Ausführung zu bringen. Nur einer vermochte in dieser Be=
ziehung seinen absoluten Willen in Amerika zur Geltung zu bringen, das

war Brigham Young, das Haupt der Mormonen, mit dem wir übrigens sonst nicht sympathisiren. In verhältnißmäßig kurzer Zeit schuf er aus der großen Wüste am Salzsee im Staate Utah durch richtige Bodenkultur, Drainage, Berieselung und zweckmäßige Bepflanzung einen fruchtbaren Boden, und wo vor 20 Jahren kein Baum wuchs und kein Getreide kultivirt werden konnte, ist jetzt Alles unter äußerst schwierigen Verhältnissen in einen gesegneten Landstrich umgewandelt. Die Autorität zur Ausführung der von ihm erkannten richtigen Mittel fehlte ihm nicht, während jene der Regierung im „freien" Amerika durchaus abgeht. Die kommunistische Idee, daß der Wald jedem einzelnen Amerikaner gehört, aus dem er nach Bedürfniß nehmen kann, steht in vielen Theilen, und zwar in den bestbewaldeten, in vollster Blüthe. Die Corruption, theilweise hervorgerufen durch das in Permanenz erklärte System des Beamtenwechsels bis in die untersten Klassen bei jeder neuen Präsidentenwahl, wo jeder sich in der gegebenen kurzen Frist zu bereichern trachtet, beutet allsogleich auch noch jene Gesetze zu ihrem Vortheil aus, von denen man, wenn auch nur eine geringe Besserung erhoffen könnte; es muß daher der Ausspruch wohlmeinender und unparteiischer Männer, daß jede Gesetzgebung hinsichtlich der ganzen Waldfrage völlig illusorisch sei, berechtigt erscheinen. Deshalb müssen wir aber auch alle Betrachtungen, die man drüben anstellt über europäische Verhältnisse und namentlich über deutsche, denen die amerikanischen Sachverständigen die höchste Anerkennung zollen, und alle vorgeschlagenen Nachahmungen unserer Institutionen als absolut unausführbar ansehen. Und eben deshalb kann auch der Vorschlag des Ministers des Innern in seinem Berichte an den Präsidenten, eine Commission zu ernennen, um die Gesetze in fremden Ländern in Bezug auf Waldschutz und Waldkultur zu studiren, von keinem nennenswerthen Erfolge begleitet sein, da ihm ja, wie wir nachgewiesen, in seiner Republik die Mittel fehlen, dieselben auszuführen und ihnen Achtung zu verschaffen. Andererseits aber sind die Verschiedenheiten zwischen der Art des Grundbesitzes in Amerika und Europa und aller anderen Verhältnisse derartige, daß unsere Gesetze und alles den Wald Betreffende durchaus unanwendbar für Amerika ist und wahrscheinlich stets bleiben wird. Vor einigen Jahren wurde ein „Commissioner of Forestry" ernannt, der einen „Report", in der Form eines starken Bandes mit vielem interessanten Material, sowie eingehende Beschreibungen europäischer Verhältnisse ausarbeitete, und vor Kurzem schreibt der uns befreundete Professor Sargent von der Harward-Universität in Massachusetts, daß er vom Congreß beauftragt sei, während der nächsten drei Jahre den Census über die nordamerikanischen Wälder auszuarbeiten. Eine bedeutendere und passendere Persönlichkeit wäre wohl nicht zu finden gewesen für diese Aufgabe, welche unseres Erachtens von Niemandem zu lösen ist, und wenn es auch gelänge, eine ziemlich sichere Schätzung zu machen, die fehlende Autorität kann damit nicht hergestellt werden. Welcher Nutzen kann also daraus entspringen, wenn man nicht in erster Linie sich dazu entschließt, ein Forst-Personal zu erziehen? Und an der Unmöglichkeit, für eine Republik von 190 Tausend Quadratmeilen etwas derartiges in's Leben zu rufen, scheitert unseres Erachtens jede rationelle forstliche Behandlung des amerikanischen Wald= areals.

Es giebt wohl keinen Wirthschaftszweig im Haushalt eines Landes, welcher in dem Maße an ein festes Personal gebunden wäre, wie der Wald. Und nur die bestimmte Aussicht, eine für's Leben dauernde Stellung zu erhalten, kann einen Menschen veranlassen, sich jahrelang für eine solche vorzubereiten. Wo aber in einem Lande die Regierung in bestimmten Zwischenräumen vom Volke gewählt wird, wo Jeder Alles werden kann, auch ohne die nöthigen Kenntnisse, wo Alles vom poli= tischen Treiben beherrscht wird, wo spezielle Kenntnisse in einem speziellen Fache keine Aussicht haben, auf die Dauer anerkannt und verwandt zu werden, da ist eine Forstcarrière nach deutschem Vorbild einfach unmög= lich. Daß eine solche stabile forstliche Organisation, wie wir sie haben, das einzig wirksame Mittel wäre, auf die Dauer die amerikanischen Wald= zustände zu bessern, ist sicher, und so sehr dieselbe auch von einsichtigen Amerikanern gewünscht wird, so sprechen sie doch für ihr Land die Un= möglichkeit einer solchen aus, da die gegenwärtigen Zustände und vielleicht noch auf manche Jahre hinaus Aehnliches nicht zulassen würden. Ehe sich — gesetzt, daß es trotz alledem gelänge, vernünftige Verhältnisse zu schaffen — der Amerikaner daran gewöhnt haben würde, daß man mit Gewalt ihm das Handwerk der Waldverwüstung legte, und bis man sich ein qualifizirtes Personal erzogen haben würde, müßten günstigsten Falls eine Reihe von Jahren vergehen, und inzwischen wäre man an dem Zeit= punkt angelangt, wo bei dem jetzigen Raubsystem das Ende des Holz= bestandes eingetreten sein müßte.

Wie in Amerika, wenn nicht durchaus Unerwartetes geschieht, schon gegen Ende dieses Jahrhunderts sich manches verändert haben muß, dafür wollen wir den schon mehrfach erwähnten Bericht des Ministers des Innern an den Präsidenten aus dem Jahre 1877 anführen: „Man hat von competenter Seite ausgerechnet, daß schon in zwan= zig Jahren der Holzbedarf in den Vereinigten Staaten nicht mehr aus den eigenen Wäldern wird befriedigt werden

können, wenn man in der jetzigen Weise zu wirthschaften
fortfährt.“

Auch von anderer Seite liegen uns Zeugnisse vor, welche diese Zeit
auf 20—30 Jahre schätzen; man legt für diese, wenn auch nur annähernde
Schätzung, die Vergangenheit zu Grunde, fügt aber hinzu, daß der Con=
sum sich noch weit größer gestalten werde, da die zunehmende Bevölke=
rung mit allem, was daraus folgt, den Holzconsum nach jeder Richtung
progressiv steigern muß.

Für uns ist die aufmerksame Beobachtung, wie sich diese Verhält=
nisse ferner entwickeln werden, nicht nur im Allgemeinen interessant,
sondern in ihren Rückwirkungen auf unsere eigenen von der allergrößten
Wichtigkeit. Wenn im Laufe nicht zu ferner Zeit diese Massen werth=
voller Hölzer nicht mehr von Amerika exportirt werden, sei es aus wirk=
lichem Holzmangel oder auch, daß die Regierung sich schon in den aller=
nächsten Jahren endlich ermannte und dadurch der Holzdiebstahl aufhörte,
oder sie sich angesichts der beginnenden Nothlage veranlaßt sähe, den
Export zu beschränken, so müßten derartige Maßregeln auf den euro=
päischen Holzmarkt von tief eingreifender Wirkung sein. Wenn der Im=
port amerikanischer Hölzer in Deutschland auch untergeordneter Art ist,
so würde eine Verminderung der aus Nordamerika nach Großbritannien
importirten Massen, welche sich in den letzten Jahren auf ungefähr
100 Millionen Dollars pro Jahr beziffert haben, letzteres veranlassen,
sich nach anderen Quellen umzusehen, und wenn auch unsere Hölzer in
vielen Fällen nicht mit den aus Nordamerika bezogenen Qualitäten con=
curriren könnten, so würde trotzdem eine größere Nachfrage
auch für unsere Hölzer eintreten. Es mag uns vorläufig befremd=
lich erscheinen, deutsches Holz nach Amerika zu exportiren. Wenn es
aber für den Amerikaner rentabel ist, Massen von Hölzern der White
Pine (Weymouthskiefer), in Qualität die preußische Kiefer durchaus nicht
übertreffend, nach England zu senden, so wird es sich auch dermaleinst
für uns lohnen, namentlich bei erhöhten Holzpreisen, unsere Hölzer nach
Amerika zu senden, ebenso gut, wie man schon jetzt schwedische nach Bra=
silien schickt.

Kurz, so viel steht fest, daß in nicht zu ferner Zeit der Begehr
nach gutem Nutzholz bei der allgemeinen Waldverwüstung ein großer
und allgemeiner werden muß, denn auf der ganzen Erde wird weit mehr
Holz consumirt und durch Waldbrände zerstört, als der Zuwachs beträgt,
und nur ein relativ günstiges Verhältniß findet, wie wir glauben, erst
in den letzten Jahren in Deutschland statt, wo jetzt doch nach allem an=
zunehmen ist, daß unabhängig von einigen hier und dort vorkommenden

Entwaldungen im großen Ganzen seit einigen Jahren mehr angepflanzt als geschlagen wird und die Oedländereien in steter Abnahme begriffen sind. Die Waldschutzgesetze und alle die Schonung des Waldes betreffenden Gesetze können nicht strenge genug durchgeführt werden. Wohin solche Schwachmüthigkeit führt, sehen wir in dem „freien" Amerika.

Für unseren Nationalwohlstand kann die jetzt in Amerika betriebene Wirthschaft nur förderlich sein. Wir haben an der Hand unzweifelhafter Berichte nachzuweisen versucht, in wie weit die klimatischen Verhältnisse Nordamerikas sich zu verschlechtern beginnen, und geht dieses in dem Maße fort, so ergiebt sich ferner, daß auch die Ueberschwemmung mit amerikanischen landwirthschaftlichen Produkten nicht immer auf der Höhe bleiben kann, wie jetzt, — es ist unausbleiblich, daß über kurz oder lang auch hierin eine Abnahme stattfinden muß. Gewiß sind die Amerikaner uns in vielen Dingen voraus (was man eben „voraus" nennt) — ihre ungehemmte schrankenlose Freiheit hat Großes geleistet und bringt auch heute noch Wunderdinge zu Tage. Gleichzeitig aber hat sich als natürliche Consequenz ein Egoismus des Individuums entwickelt, der, noch verschlimmert durch politische Corruption, die rücksichtslose Verfolgung des persönlichen Vortheils derart auf die Spitze getrieben hat, daß ein Raubbau in seiner krassesten Form in der Landwirthschaft, wie auch in dem Walde stattfindet, und da müssen, wie die Geschichte uns überall zeigt, auch die unvermeidlichen Folgen sich in kürzerer oder längerer Frist mit absoluter Sicherheit einstellen. Eine Republik wie die amerikanische, in welcher das Individuum nur sich selbst und der Gegenwart lebt, eignet sich nicht dazu, um durch weise Maßregeln für die Zukunft seiner Nachkommen zu sorgen; an der rücksichtslosen Waldverwüstung, wenn aus keinem anderen Grunde, ist sie bereits — sich selbst unbewußt — auf dem Wege, von der Höhe ihrer Position herabzusteigen, und sie wird dieselben Folgen zu tragen haben, unter denen andere Länder mit ähnlichen Vorgängen heute noch leiden, wo es trotz aller Gesetze nur mit großen Schwierigkeiten gelingt, durch Wiederaufforstung bessere Zustände zu schaffen.

Richten wir uns darauf ein, diesem mit Sicherheit eintretenden großen und allgemeinen Holzmangel begegnen zu können, wozu wir in erster Linie auch Das rechnen, nach einem wohldurchdachten System über die ganze Monarchie Versuche im größeren Maßstabe mit den Holzarten Nordamerikas anzustellen, welche man dort rücksichtslos ausrottet und die, mehr oder minder dem Anscheine nach, auch bei uns gedeihen.

Japanische Nadelhölzer.

Es sind kaum zwanzig Jahre vergangen, seit Japan, durch Verträge mit fremden Nationen, die Jahrhunderte lang bestandenen Schranken fallen lassen mußte und jenen der Zutritt, wenn auch vorläufig noch in beschränkten Grenzen, gestattet wurde. Mit dem ersten englischen Gesandten Sir Rutherford Alcock war ums Jahr 1860 mein Freund Veitch aus London am Platze, um einer der ersten zu sein, die Flora zu studiren, von welcher man sich, nach dem Wenigen, was im Laufe der Jahrhunderte in einzelnen schönen und interessanten Arten zu uns gekommen war, viel versprechen durfte, und man eine wirkliche Bereicherung für unsere Gärten erwarten konnte, nachdem die erfolgreiche Naturalisation früherer Importationen in Japan, den unseren ähnliche klimatische Verhältnisse voraussetzen ließ.

Eine reiche Ausbeute, namentlich an neuen und schönen Nadelhölzern belohnte den tüchtigen Mann, der sich andererseits aber leider den Keim zu seinem frühzeitigen Tode dort holte, da seine nicht sehr starke Gesundheit den Strapazen dieser damals noch gefährlichen Reise ins Innere nicht gewachsen war. von Siebold, seit langer Zeit dort im Dienste der holländischen Regierung ansässig, der englische Reisende Fortune, die von der japanischen Regierung angestellten Europäer, Franzosen und Deutsche, haben uns in einer verhältnißmäßig kurzen Zeit eine solche Fülle interessanten Materials über dieses wunderbare Land gegeben, daß wir über manches wesentliche bereits gut informirt sind. Ganz besonders aber verdanken wir dieses der umfassenden und gründlichen Beschreibung des im Auftrag der Königlich preußischen Regierung nach Japan gesandten Professor Rein, welcher 1874/75 dort zubrachte und dessen Werk über Japan wohl die nach allen Seiten hin erschöpfendste sämmtlicher bisheriger Publicationen bildet. Indessen kann es selbstredend nicht die Aufgabe eines solchen Werkes sein, die einzelnen uns vom forstlichen Standpunkt aus interessirenden Arten gründlich zu behandeln; nichtsdestoweniger geben uns die Capitel über die Flora der japanischen Inseln, über die Dauer der Vegetationsperiode, Formationen und Regionen der Vegetation, der Wald (Hayaschi), die Vegetation des Hochgebirges, Zusammensetzung der japanischen Flora und weitere be-

merkenswerthe Züge derselben, ihre Verwandtschaft mit anderen Vege=
tationsgebieten, eine Menge Aufschlüsse im Allgemeinen und für manche
Arten eine Anleitung zur erfolgreichen Cultur bei uns.

Ein speciell die waldbaulichen Verhältnisse Japans behandelnder
Artikel erschien in der „Revue maritime et coloniale" in Paris: Les
Essences forestières du Japon par E. Dupont, ingénieur des con-
structions navales. Der Verfasser am Arsenal von Yokoska bei Yoko=
hama schildert aus eigener Anschauung und mehrjähriger Erfahrung.
Er hat vielfache Excursionen in die japanischen Wälder gemacht, die
Hölzer theilweise auf ihren Werth untersucht, so daß die von ihm ge=
gebenen Zahlen über die in dem Kaiserlichen Arsenal gewonnenen Re=
sultate halbwegs einen officiellen Charakter tragen, auch ist er bei der
Abfassung, namentlich was die richtige Nomenclatur betrifft, von seinem
Freunde Dr. Savatier,*) Arzt und Botaniker, unterstützt, was uns eine
Gewähr für die Richtigkeit in botanischer Beziehung bietet.

Daß unsere Kenntniß nun aber trotzdem im Großen und Ganzen
noch sehr lückenhaft ist, liegt bei der Kürze der seit der Eröffnung Japans
verflossenen Zeit und bei der großen Ausdehnung dieser Inseln auf der
Hand. Dennoch vermögen wir jetzt schon aus dem neuesten Datum über
klimatische Verhältnisse, sowie aus dem Verhalten der in Betracht kom=
menden Arten bei uns den Schluß zu ziehen, daß ebenso wie die nord=
westamerikanischen, auch die japanischen Nadelhölzer es in unserem eigensten
Interesse mit vollem Recht verdienen, daß man systematische Versuche
in Bezug auf ihr waldbauliches Verhalten bei uns mit ihnen anstellt.

Daß die Kältegrade des Winters in vielen Beschreibungen zu gering
angegeben werden, können wir mit Sicherheit daraus entnehmen, wie ich
das auch bereits an anderen Stellen ausdrücklich hervorgehoben habe,
daß sie stellenweise in Deutschland völlig unbeschädigt 25° Kälte ertragen
haben. Theils geben die japanischen Berichte nur die milden Tempera=
turen der Küsten an, ohne sich um diejenige des Innern, namentlich der
im Gebirge vorkommenden, zu bekümmern, theils sind diese ihnen that=
sächlich bisher unbekannt geblieben, wie Rein sagt: „Aus dem Innern
Japans liegen bis jetzt keine meteorologischen Beobachtungen vor, doch
dürften hier trotz der geringen Breitenausdehnung der Inseln in mehreren
Distrikten die Verhältnisse wesentlich anders liegen, so namentlich in den
hochgelegenen Provinzen Shinano und Hida. Nicht sowohl die Höhen=
lage derselben an und für sich, als vielmehr die hohen Randgebirge be=

---

*) **Franchet et Savatier** Enumeratio plantarum in Japonia sponti cres-
centum. Paris.

bingen eine trockene, heitere Luft und darum beträchtlichere Kälte während
des Winters, als im übrigen Lande, womit die Angabe der Eingeborenen
im Einklange steht, daß der Suwa-Ko während dieser Jahreszeit sich
mit dickem Eis bedecke und über dasselbe hinweg die Anwohner mit ein=
ander verkehren·"

Ueber das Klima lassen wir einige wesentliche Punkte nach den
Rein'schen Aufzeichnungen folgen. Bei der großen Längenausdehnung
Japans kann von einer Gleichförmigkeit des Klimas keine Rede sein;
der Sommer mit feuchten Südwinden ist feuchtheiß, der Winter lang,
verhältnißmäßig kalt und heiter, mit kalten, rauhen Nord= und Nord=
westwinden. Die klimatischen Gegensätze zwischen Sommer und Winter
sind sehr groß. Alle Gebirge Japans sind den Winter über in tiefen
Schnee gehüllt; von manchen Bergen verschwindet er nur in besonders
günstigen Sommern vollständig. Im Westen von Yokohama erblickt man
den majestätischen Fuji-no-yama, wie einen mächtigen Zuckerhut, wenn am
klaren Wintertage die Sonne höher steigt. So sehr er auch absticht
gegen das Dunkel der mit Nadelholz bestandenen näheren
Hügel, so ist doch das ganze Landschaftsbild ringsum uns her ein durch=
aus winterliches.

Die Uebergangszeiten zwischen Winter und Sommer sind im Norden
kurz und verlängern sich im Süden mehr und mehr auf Kosten des
Winters. Der Sommer ist endgültig vorbei, wenn im Oktober das
Laub fällt. Im November sind die Gebirge des ganzen nördlichen Ge=
bietes in Schnee gehüllt. Der Uebergang in den Sommer fällt in
den Monat April, denn im März sind nicht blos Nachtfröste und vor=
übergehender leichter Schneefall keineswegs unerhörte Dinge, sondern die
Temperatur ist durchweg noch so niedrig, daß von einem Wiedererwachen
der Natur noch nicht gut die Rede sein kann. Der japanische Winter
ist demnach ein langer und dauert im mittleren Theile des Landes
5 bis 6, auf Yezo sogar 7 Monate, aber er ist nicht streng zu nennen.

Nach den Beobachtungen des „Imperial Meteorological Observatory
Tokio" waren die absoluten Minima

in Tokio   am 2. Januar 1879—5,6° C.
„ Hakodate   „ 11.   „   1879—12,2° C.
„ Sapporo   „ 24.   „   1879—21° C.
„ Rurumoppe „ 11.   „   1879—16° C.

Die großen Temperetur Minima folgen fast ohne Ausnahme, wie
bei uns, hellen Tagen und geringem Feuchtigkeitsgehalte der Luft, wie
sie im Winter während der Herrschaft nördlicher Winde häufig sind.
Nicht selten kommt die größte Differenz zwischen der Tageswärme und

Nachtkühle während einer Woche innerhalb 18 Stunden vor. Ueberhaupt aber sind die monatlichen Extreme gegenüber den Monatsmitteln sehr beträchtliche.

Nach den Beobachtungen in Tokio kommen dort im Jahre durch= schnittlich 68 Frostnächte vor, in Sapporo 150, denen sich 35 Frosttage anschließen. Ihre Vertheilung auf die einzelnen Monate ist folgende:

		Jahr	Januar	Februar	März	April	Mai	Juni	Juli	August	Septembr.	Oktober	Novembr.	Dezembr.
Tokio	Nachtfröste	68	24	19	8	—	—	—	—	—	—	—	3	14
Sapporo	Nachtfröste	150	30	28	27	12	2	—	—	—	—	—	21	30
	Frosttage	35	12	13	—	—	—	—	—	—	—	—	—	10

An den Ostküsten von Yezo und Sachalin thaut der zwei Fuß tief gefrorene Boden nach Capt. John erst Ende Mai auf und verschwindet der Schnee erst vollständig unter dem Einfluß der hochstehenden Juni= sonne. Häufige Nebel schwächen überdies den Einfluß der Insolation während des kurzen Sommers auf den Boden. Das Klima von Yezo und Sachalin ist im Vergleich zu anderen. Gebieten der Erde unter gleicher Breite sehr kalt. Im eigentlichen Japan (Oyashima) sind die Winter kälter, die Sommer wärmer als sonst in Ländern unter gleicher Breite. Sehr beachtenswerth ist die niedrige Wintertemperatur in ganz Japan. Stetig heißes Wetter tritt erst gegen Ende Juni ein und hört gewöhn= lich gegen Mitte September auf.

Man sieht aus dieser kurzen Zusammenstellung einiger wenigen Daten über die klimatischen Verhältnisse Japans, daß wir hier mit recht langen und kalten Wintern zu rechnen haben, und daß es durchaus irrig ist zu glauben, das Land, welches die Heimath der Camellia, habe durch= gehends eine so milde Temperatur, daß die Einbürgerung dorther stam= mender Arten unmöglich sei. Berücksichtigen wir nun ferner, daß manche der für uns in Betracht kommenden Arten im Gebirge einen hohen Stand= ort einnehmen, so kann es uns nicht mehr auffallend erscheinen, wenn dieselben unserer strengen Winterkälte mit Erfolg Widerstand zu leisten vermögen, und die Hoffnung als eine durchaus berechtigte erscheinen muß, sie auch bei uns erfolgreich naturalisiren zu können.

Wenn manche derselben bisher durch ihren äußeren Habitus und ihre Entwickelung den Gedanken an eine forstliche Verwendung bei uns

nicht haben aufkommen laſſen, ſo iſt das eine durchaus berechtigte An=
ſicht, denn vielfach trifft man ſie, wenn auch ganz winterhart, doch in
ſolchen Formen, daß ſie nicht gerade eben den Eindruck hervorbringen,
als ob ſie überhaupt zu Waldbäumen ſich entwickeln könnten. Der
Grund für dieſe Erſcheinung liegt aber ſehr nahe. Es iſt ja bekannt,
daß die Japaneſen ihren Gärten eine ganz beſondere Aufmerkſamkeit
widmen und iſt es bei ihnen wie bei den Chineſen eine beſondere Lieb=
haberei, die Natur in alle möglichen Formen zu zwängen und ſie zu
verunſtalten, indem ſie namentlich die Nadelhölzer in einer Weiſe be=
ſchneiden, die Zweige in künſtliche Formen binden, ſie oft in kleinen Ge=
fäßen cultiviren, daß man kaum noch die Art zu erkennen vermag.

Manche derſelben werden vom Volke beſonders verehrt, nehmen eine
große Stellung in den religiöſen Gebräuchen ein, weßhalb man ſie nicht
nur in der Nähe der zahlreichen Tempel findet, ſondern wer es irgend
kann, pflanzt ſie in ſeinen Garten. In der Kunſt der Veredelung, des
Pfropfens u. ſ. w., iſt der Japaneſe ſehr geſchickt, auch ſind künſtliche
Befruchtnngen, um neue, namentlich bunte Spielarten zu erziehen, ein
bevorzugtes Geſchäft. Noch vor Kurzem hatte ich in England Ge=
legenheit, eine aus Japan eingeführte Sammlung Ahorn zu ſehen, wo
man die verſchiedenſten Arten auf einen Stamm gepfropft hatte und
wodurch ein ganz eigenthümliches Exemplar von Laubholz entſtanden
war. So haben ſie eine Menge Varietäten in allen möglichen Ab=
ſtufungen zwiſchen Thuyopsis dolabrata, verſchiedener Thuya, Biota
und Retinospora erzogen, ſie haben dieſen Spielarten eine Menge
Namen gegeben, ſo daß hier eine große Verwirrung herrſcht.

Intereſſant ſind namentlich die künſtlich erzogenen Formen bei den Retinosporen, welche manchen Botaniker verleitet haben, eigene Species
daraus zu machen, an denen man unter günſtigen Umſtänden hier mit
einem Male ganze Zweige derjenigen Art ſich entwickeln ſieht, aus
welcher man dieſen Blendling erzogen hat.

Es erklärt ſich daher auf eine ſehr natürliche Weiſe, warum manche
dieſer Arten ſich langſam entwickeln und häufig ein verkrüppeltes An=
ſehen haben, denn ein großer Theil der namentlich in den erſten Jahren
aus Japan zu uns gekommenen Samen und Pflanzen ſtammen von
ſolchen künſtlich gezogenen und naturwidrig behandelten Exemplaren ab,
welche im Schutz der Gärten von einem japaniſchen Gartenkünſtler kul=
tivirt wurden; das Sammeln der Samen von Waldbäumen im Innern
war einſtweilen kaum möglich, auch jetzt noch iſt die Beſchaffung dieſer
Samen eine ungelöſte Frage, deshalb entbehrt vorläufig ſehr vieles des

aus Japan nach Europa gelangenden Materials diejenigen Eigenschaften, welche wir bereits früher angedeutet haben, und welche als die ersten und wesentlichsten Bedingungen, um gültige Versuche zu erzielen, anzusehen sind.

In seinen allgemeinen Betrachtungen über japanische Nadelhölzer sagt Dupont, bei dem großen Waldbestand und dem Mangel an Kalk ist man dazu gekommen alle Häuser, Monumentalbauten u. s. w. von Holz aufzuführen. Feuersbrünste sind daher an der Tagesordnung und man nimmt an, daß gewisse Theile von Tokio alle drei Jahre vom Feuer zerstört werden. Man beschränkt sich in Folge dessen, die Häuser so leicht wie möglich zu bauen, die Holzhändler haben stets die nöthigen Hölzer in Vorrath, und so ist ein abgebranntes Quartier oft schon nach vierzehn Tagen wieder aufgebaut. Der Holzconsum ist ein sehr großer, für ihre Häuser verwenden die Japanesen nur Nadelhölzer, sie lassen sich billig bis zum Ort der Verwendung herstellen, bearbeiten sich leicht und können leichter in möglichst dünne Bretter geschnitten werden als Laubholz. Die Einführung europäischer Sitten und Gebräuche haben die Benutzung der Laubhölzer häufiger gemacht, da man nach europäischem System sie vielfach in der Marine, beim Kriegsmaterial und beim Wagenbau für Eisenbahnen benutzt hat, aber trotzdem wird dieses thatsächlich nur eine verhältnißmäßig geringe Verwendung der Laubhölzer nach sich ziehen, und als allgemeine Regel kann man sagen, daß die Nadelhölzer fast das einzigste in Japan verwandte Nutzholz sind. Die Häuser der Reichen unterscheiden sich von denen der Minderbegüterten häufig nur durch die Art des Holzes und die kunstvolle Ausführung. Die Mikados selbst geben in dieser Beziehung das Beispiel der Einfachheit, indem sie ihre Paläste mit dem Holz von Retinospora obtusa (Hinoki) erbauen, und nur den Verbrauch dieses Holzes zulassen. Dieses Material, sauber gehalten, ohne Lack und Farbe genügt dem Auge vollkommen. Die feine Arbeit und saubere Unterhaltung geben dem Ganzen unter dem Anschein der größten Einfachheit den Charakter des Luxus. Die Vorliebe der Japanesen für Nadelhölzer ist derart, daß sie selbst ihre Eisenbahnschwellen, obgleich sie sich nicht so gut wie ein Theil ihrer Laubhölzer dazu qualificiren, damit herstellen, aber diese werden im Allgemeinen, wie gesagt, nur wenig verwandt.

Die Kiefern (matsou) sind in der sandigen Region des Küstenlandes vorherrschend und gedeihen hier außerordentlich, hauptsächlich vertreten durch Pinus Massoniana (Kouro-matsou), weiter aufsteigend im thonigen Boden folgt Pinus densiflora (Aka-matsou), welche noch höher durch Pinus parviflora (Imeko-matsou) und Pinus Koraiensis

(Goyono-matsou) erſetzt wird. In dieſen unteren Regionen dominiren die Kiefern überall; man trifft indeſſen manche Stellen mit geringen Beſtänden, findet aber bei genauerer Unterſuchung, daß dieſes ſtets die Urſache von ſchlechter Behandlung der Bäume iſt, indem man ſie ihrer Zweige beraubt und in dieſen Beſtänden das Pflücken von Beeren und Kräutern in einem ungebührlichen Maße ausgeübt wird. An und für ſich iſt die Vegetation kräftig und nur dieſe fortgeſetzten Verwüſtungen können ſie hindern. Die Region der thonigen Felſen iſt reich an Fichten (Momi), ſobald ſie 300 Meter Höhe überſteigt.

Eine üppige Vegetation von anderen Nadelhölzern findet ſich häufig im Granit, namentlich je höher ſie ins Gebirge aufſteigen. Man trifft hier

Retinospora obtusa (Hinoki),

pisifera (Sawara),

Podocarpus macrophylla (Maki),

Sciadopitys verticillata (Kooya-maki),

Thuyopsis dolabrata (Akeki).

Das Verhältniß des Nadel- und Laubholzes in den Staatsforſten (Yeddo nicht inbegriffen) iſt etwa folgendes:

Nadelholz, Nutzholz   35

Laubholz   „   5

„   Brennholz   60

———

100

Man kann ungefähr dieſelben Zahlen für die anderen Forſten des Landes annehmen.

Vertheilung der Nadelhölzer
nach officiellen Aufnahmen

	in den Staatsforſten		im übrigen Theil des Landes	
Pinus Massoniana (Kouromatsou) .	0,200	⎫	0,25	⎫
„ densiflora (Akamatsou) . .	0,074	⎪	50,2	⎪
„ parviflora (Imekomatsou) .	0,004	0,280		0,50
„ Koraiensis (Goyonomatsou .	0,002	⎭		⎭
Abies firma (Momi)	0,100	⎫		⎫
„ Tsuga (Tsuga)	0,140	⎪		⎪
„ Alcockiana (Tohi) . . .	0,012	0,260	0,20	0,20
„ Veitchii (Sarabi)	0,007	⎪		⎪
„ polita (Toga-Momi) . . .	0,001	⎭		⎭

Retinospora obtusa (Hinoki) . .	0,220	0,300	0,06	0,06
„ pisifera (Sawara) . .	0,080			
Cryptomeria japonica (Segni) . .	0,080	0,080	0,20	0,20
Juniperus sinensis (Biakouchin) .	0,048			
Larix leptolepis (Karamatsou) .	0,010			
Sciadopitys verticillata (Kooya-maki)	0,007	0,080	0,04	0,04
Thuyopsis dolabrata (Akeki) . .	0,007			
Diverse andere	0,008			

Im Allgemeinen kann man nach den Dupont'schen Berichten sagen, daß die japanischen Hölzer mit den ersten Rang einnehmen. Bei den Versuchen, welche im Arsenal von Yokoska mit ihnen angestellt wurden, bei denen man genau den in Toulon üblichen Methoden folgte, hat man gefunden (cfr. les bois indigènes et étrangers Paris 1875,) daß die japanischen Kiefern widerstandsfähiger sind als diejenigen von Canada, Schweden, Polen und der Schweiz, nur die von Florida und Carolina (Pinus australis, bei uns nicht ausdauernd) übertreffen sie. Diese Vorzüge gelten noch mehr für Tannen und Fichten.

Die Nadelhölzer, welche in Japan einheimisch sein sollen, Yezo eingeschlossen, lassen sich in 13 Genera gruppiren, von denen nur eines Japan eigenthümlich ist, nämlich Sciadopitys. Im Allgemeinen sind die Hölzer außerordentlich gesund, Calamitäten bleiben vielfach lokalisirt, selbst bei älteren Beständen; den auf Yezo wachsenden Hölzern läßt sich bei weitem nicht so günstiges nachsagen.

Zwei Genera sind Japan und China eigenthümlich, Cryptomeria und Cephalotaxus. Gingko ist ein chinesisches Genus, und wenn auch häufig in Japan cultivirt, doch nicht dort heimisch. Podocarpus hat Vertreter in Japan und China, außer vielen tropischen Arten. Von Tsuga und Torreya finden sich sowohl in Japan Arten, als auch auf beiden Seiten des nordamerikanischen Continents. Diese 13 Genera in Japan umfassen 41 Species, zweifelhafte Varietäten ausgeschlossen, welche sich folgendermaßen vertheilen: Thuya (Thuyopsis, Biota und Chamaecyparis oder Retinospora umfassend) hat drei Japan eigen= thümliche Arten, einschließlich T. japonica oder Standishii; Juniperus ist durch fünf Arten vertreten, drei Japan eigenthümlich, zwei in China und Japan gemeinsam; Cryptomeria kommt in Japan und China vor; (weder Taxodium noch Sequoia finden sich in Japan); Cephalotaxus ist in Japan durch drei endemische Arten vertreten; Taxus tardiva findet sich nur in Japan; Von Torreya eine Art; Podocarpus drei Arten; Vier Arten Pinus, keine eigenthümlich in Japan, da sie auch in

China, im nordöstlichen Asien und in einem Falle auch in Europa ge=
funden werden, eine in Korea. Von Fichten fünf in Japan, davon drei
eigenthümlich; Tsuga zwei Arten; Tannen drei endemische Arten in
Japan und andere gemeinsam in Japan und Nordasien. Larix eine
Art endemisch.

Man kann daher sagen, daß 41 Arten Nadelhölzer in Japan ge=
funden werden, von denen nicht weniger als 22 als endemisch zu be=
trachten sind; diese Schätzung wird sich aber noch vermindern, jemehr
unsere Kenntniß der Flora angrenzender Regionen sich erweitert.*)

Der vor zwei Jahren an den Consul des Deutschen Reiches, Herrn
Bair in Tokio gerichteten Bitte, Mittheilungen über dortige Holzarten
von officieller Seite zu empfangen, gleichzeitig um Einsendung größerer
Holzproben bitten, dieser Bitte ist seitens Sr. Excellenz des Herrn Vice=
ministers Shinagawa in Tokio in einer Weise entsprochen worden,
die uns zu wärmstem Danke verpflichtet. Die prächtigen Hölzer sind
4 Fuß hoch in dem natürlichen Durchmesser des Baumes und 2½ Zoll
stark, und waren von einem deutschen Verzeichnisse begleitet. Diese
officielle Kundgebung hat für uns eine entschiedene Bedeutung und muß
uns um so werthvoller erscheinen, da wir den gar zahlreichen gehalt=
losen und ungenauen Notizen über diese japanischen Arten endlich ein=
mal bis auf Weiteres etwas amtliches gegenüber stellen können. Es
darf diese Zusammenstellung seitens des japanischen Ministers wohl als
erstes zuverlässiges Actenstück über japanische Waldbäume, welches direct
nach Deutschland gelangt ist, betrachtet werden und lasse ich es daher
wegen seines allgemeinen Interesses im Wortlaut folgen:

Pinus densiflora. (S. et Z.)

(japanisch: Akamatsu.)

Vorkommen: Landschaft: Tokaido.

Provinz: Hitatsi.

Bezirk: Jbura Nigashi.

Dorf: Kasawara Shinden.

Zu der Ebene in trockenem Boden zusammenstehend, 36° n. B., Klima
milde, Schnee nicht über 1 Fuß Tiefe.

Pinus Thunbergii. (Parl.)

(P. Massoniana).

(japanisch: Kuromatsu.)

Vorkommen: Landschaft: Tokaido.

---

*) The Conifers of Japan by Dr. Maxwell T. Masters.

Provinz: Hitatsi.

Bezirk: Kotsi.

Dorf: Hukuba.

In der Ebene in trockenem Boden zusammenstehend, 36° n. B., Klima milde, Schnee nicht über 5—6 Zoll.

Abies Tsuga. (S. et Z.)

(japanisch: Tsuga oder Tsunga.)

Vorkommen: Landschaft: Tosando.

Provinz: Shinano.

Bezirk: Nishi Tsikuma.

Dorf: Komagane.

Im Hochgebirge am südwestlichen oberen Abhange in trockenem Boden zusammenstehend, 36° n. B., Klima sehr rauh, viel Schnee.

Larix leptolepis. (Gord.)

(japanisch: Fudsi-matsu.)

Vorkommen: Landschaft: Tosando.

Provinz: Shinano.

Bezirk: Nishi Tsikuma.

Dorf: Kumagane.

Im Thal des Hochgebirges auf südwestlicher Seite des Berges Komaga in feuchtem Boden zusammenstehend, 36° n. B., Klima sehr rauh, viel Schnee.

Thuyopsis Standishii. (Gordon.)

(japanisch: Nedzko.)

Vorkommen: Landschaft: Tosando.

Provinz: Shinano.

Bezirk: Nishi Tsikuma.

Dorf: Otaki.

Am nordöstlichen mittleren Abhang des Hochgebirges in wenig feuchtem Boden mit anderen Bäumen stehend, 36° n. B., in höher gelegenen Stellen sehr kalt, Schnee tief.

Thuyopsis dolabrata. (S. et Z.)

(japanisch: Hiba.)

Vorkommen: Landschaft: Tosando.

Provinz: Shinano.

Bezirk: Nishi Tsikuma.

Dorf: Komagane.

Am südöstlichen mittleren Abhang des Hochgebirges in feuchtem Boden zusammenstehend, 36° n. B., in höher gelegenen Stellen sehr kalt, Schnee tief.

Chamaecyparis pisifera.   (Endlicher).
(japanisch: Sawara.)
Vorkommen: Landschaft: Tosando.
Provinz: Shinano.
Bezirk: Nishi Tsikuma.
Dorf: Kumagane.

Im Hochgebirge auf der südöstlichen Seite des Kammes in wenig feuchtem Boden zusammenstehend, 36° n. B., Klima rauh, Schneefall groß.

Chamaecyparis obtusa.   (S. et Z.)
(japanisch: Hinoki.)
Vorkommen: Landschaft: Tosando.
Provinz: Shinano.
Bezirk: Nishi Tsikuma.
Dorf: Komagane.

Am südöstlichen mittleren Abhange des Hochgebirges in feuchtem Boden zusammenstehend, 36° n. B., in höher gelegenen Stellen sehr kalt, Schnee tief.

Sciadopitys verticillata.   (S. et Z.)
(japanisch: Koya-maki oder Tscha-maki.)
Vorkommen: Landschaft: Tosando.
Provinz: Shinano.
Bezirk: Nishi Tsikuma.
Dorf: Komagane.

Im Hochgebirge auf der südöstlichen Seite in der Nähe des Kammes zusammenstehend, 36° n. Br., in höher gelegenen Stellen sehr kalt, Schnee tief.

Pinus parviflora.   (S. et Z.)
(japanisch: Himeko matsu.)
Vorkommen: Landschaft: Tosando.
Provinz: Shinano.
Bezirk: Nishi Tsikuma.

Dorf: Kumagane.

Am südwestlichen oberen Abhang des Hochgebirges in trockenem Boden zusammenstehend, 36° n. Br., Klima rauh, Schnee tief.

Pinus Koraiensis. (S. et Z.)
(japanisch: Tsiosen-matsu.)

Vorkommen: Landschaft: Tosando.

Provinz: Rikutsio.

Bezirk: Ҋuwate.

Dorf: Higashi Nakuno.

In der Ebene in wenig feuchtem Boden zusammenstehend, 39° n. Br., Klima rauh, Kälte 20° Fahrenheit.

Abies Alcockiana. (Veitch.)
(japanisch: Matsuhada.)

Vorkommen: Landschaft: Tosando.

Provinz: Shinano.

Bezirk: Nishi Tsikuma.

Dorf: Kumagane.

Im Hochgebirge am südwestlichen Abhang in trockenem Boden zusammen= stehend, 36° n. B., Klima rauh, Schnee tief.

Abies firma. (S. et Z.)
(japanisch: Momi.)

Vorkommen: Landschaft: Tosando.

Provinz: Shinano.

Bezirk: Nishi Tsikuma.

Dorf: Kumagane.

Am südwestlichen unteren Abhang des Berges Komaga in feuchtem Boden zusammenstehend, 36° n. B., Klima sehr rauh, viel Schnee.

Abies polita. (S. et Z.)
(japanisch: Ira momi.)

Vorkommen: Landschaft: Tosando.

Provinz: Shinano.

Bezirk: Nishi Tsikuma.

Dorf: Niegara.

Berg Kiso (Kiso yama).

Im Hochgebirge am südlichen Abhang in trockenem Boden mit anderen Bäumen stehend, 36° n. B., Klima rauh, Schnee tief.

Abies Veitchii. (Lindley.)

(japanisch: Shirabe.)

Vorkommen: Landschaft: Tosando.

Provinz: Shinano.

Bezirk: Nishi Tsikuma.

Dorf: Kumagane.

Am südwestlichen Abhange des Berges Komaga, höher als Pinus parviflora, im Hochgebirge zusammenstehend, 36° n. B., Klima rauh.

Abies microsperma. (Lindley.)

(japanisch: Shiramomi.)

Vorkommen: Landschaft: Tosando.

Provinz: Shinano.

Bezirk: Nishi Tsikuma.

Dorf: Kumagane.

Am steilen oberen Abhang in trockenem Boden zusammenstehend, 36° n. B.,
Klima sehr rauh, großer Schneefall.

Cryptomeria japonica. (Don.)

(japanisch: Sugi.)

Vorkommen: Landschaft: Saikaido.

Provinz: Hisen.

Bezirk: Sonogi.

Dorf: Fukue.

Am nordöstlichen Fuß des Berges in wenig feuchtem Boden zusammenstehend, 33° n. B., Klima sehr milde.

Gingko biloba. (Thunb.)

(japanisch: I-tsio.)

Vorkommen: Provinz: Musashi.

Bezirk: Kita Toshima.

Dorf: Nishigahara.

In der Ebene in der Nähe der menschlichen Wohnungen stehend, 35° n. B.,
Temperatur im Maxim. 90° Fahr., im Minim. 28° Fahr.

Juniperus japonica. (Maxim.)

(japanisch: Ibuki-biaksin.)

Vorkommen: Landschaft: Saikaido.

Provinz: Chikugo.

Bezirk: Kamisuma.

Dorf: Kita Osu.

Am südwestlichen Fuß des Berges einzeln stehend, 33° n. B., Klima mild, Temperatur im Maximum 90° F., im Minimum, 35° F. Schneetiefe 5 Zoll (sun).

Juniperus rigida.   (S. et Z.)
(japanisch: Nesumi-sashi.)

Vorkommen: Landschaft: Saninbo.
Provinz: Tajima.
Bezirk: Isu-ishi.
Dorf: Obani.

Am südwestlichen Abhang des Berges mit Chamaecyparis obtusa und Cryptomeria japonica vermischt stehend, 35° n. B., Klima rauh, Schnee 3 Fuß (shaku) in normalem Winter.

Taxus cuspidata.   (S. et Z.)
(japanisch: Araragi.)

Vorkommen: Landschaft: Tosando.
Provinz: Hidano.
Bezirk: Ono.
Dorf: Kiomi.

Am nordöstlichen Abhang des Hochgebirges mit anderen Bäumen stehend, 36° n. B., Klima rauh, Schneefall groß.

Podocarpus nageia (R. Br.)
(japanisch: Nagi.)

Vorkommen: Provinz: Yamato.
Bezirk: Soegami.
Berg: Nara.

Am südlichen Abhang mit anderen Bäumen vermischt stehend, 34° n. B., Klima mild, Maximal-Schneetiefe 5—6 Zoll.

Podocarpus macrophylla.   (Thunb.)
(japanisch: Inu-maki.)

Vorkommen: Landschaft: Tokaido.
Provinz: Isuno.
Bezirk: Takata.
Dorf: Yegeshima.

Am nördlichen Abhang in feuchtem Boden zusammenstehend, 35° n. B., Schnee an tiefer gelegenen Stellen bis 3 Fuß tief.

Cephalotaxus drupacea. (S. et Z.)

(japanisch: Hebokaya oder Inukaya.)

Vorkommen: Landschaft: Tokaido.

Provinz: Jsumi.

Bezirk: Kimisawa.

In der Ebene in trockenem Boden einzeln stehend, 35° n. B., Klima sehr rauh, Schnee bis 3 Fuß tief.

Torreya nucifera. (S. et Z.)

(japanisch: Kaya.)

Vorkommen: Landschaft: Hokurokudo.

Provinz: Sado.

Bezirk; Kamo.

Dorf: Tokuwa.

Am südöstlichen Fuß des Berges in trockenem Boden zusammenstehend, 38° n. B., Klima rauh, Schnee bis 3 Fuß (Shaku) tief.

Biota orientalis. (Endl.)

(japanisch: Himemuro.)

Vorkommen: Provinz: Musashi.

Bezirk: Kita Toshima.

Dorf: Nishigahara.

In der Ebene in der Nähe der menschlichen Wohnungen stehend, 35° n. B., Temperatur im Maxim. 90° Fahr., im Minim. 28° Fahr.

Cunninghamia sinensis. (R. Br.)

(japanisch: Kō-yō-san.)

Vorkommen: Landschaft: Tokaido.

Provinz: Jsuno.

Bezirk: Takata.

Dorf: Ohira.

Am östlichen Abhang des Berges in trockenem Boden mit anderen Bäumen stehend, 36° n. B., Klima wenig rauh, Schneetiefe nicht über 5—6 Zoll.

Es muß indessen gleich die Bemerkung nachgeschickt werden, daß nicht alle diese zahlreichen Arten sich für unsere Versuche zu waldbau=lichen Zwecken eignen, — theils sind sie keine Waldbäume, theils kommen sie nur in süblichen wärmeren Gegenden jener großen Inselgruppe vor, auch wissen wir von einigen anderen, daß sie sich nicht durch irgendwelche Eigenschaften auszeichnen, die ihre Einbürgerung bei uns als besonders wünschenswerth erscheinen lassen möchten. Nur um solche kann es sich hier handeln, die zu den hauptsächlichsten Waldbäumen des kälteren Japans gehören, unseren Wintern bisher durchaus erfolgreich Widerstand geleistet haben und ein sehr freudiges Gedeihen zeigen.

Was im Uebrigen unsere eigene Erfahrung mit denselben betrifft, so kann dieselbe bei der Kürze der Zeit seit der Einführung nur eine sehr dürftige sein und es muß hier nochmals ausdrücklich betont werden, daß es sich bei denselben nur um Versuche in ganz geringem Umfange handeln kann, um vorläufig ihre Entwicklung bei uns aufmerksam zu beobachten. Diese Arten sind nun solche, welche nach sorgfältig gesammelten Berichten aus einer reichen Literatur über Japan, nach manchen brieflichen direkten Mittheilungen dorther, sowie auf Grund mündlich erhaltener Informationen zurückgekehrter Reisenden, sich durch eine oder die andere gute Eigenschaft besonders hervorthun, in Japan sehr geschätzt werden und dort einen Hauptbestand des für alle möglichen Zwecke verarbeiteten Holzes bilden; es sind das die ersten neun Arten des vorstehenden officiellen Verzeichnisses, über welche ich nun noch einige nähere Angaben folgen lasse.

Pinus Massoniana. (Sieb. et Zucc.)
Syn.: Pinus Thunbergii (Parlatore).
(japanisch: Kouromatsu.)

Eingeführt 1854. Schwarzkiefer mit dunkelgrauer Rinde. Zweinadelig. Ueberall in Japan vorkommend. Großer Baum, 70—80 Fuß Höhe, 4 Meter Umfang am Boden, oft bis zu riesigen Dimensionen, 100—200 Jahre alt und gewöhnlich ganz gesund; Maries, ein neuerer botanischer Sammler in Japan, hat am See Bi-wa bei Kioto in Nippon einen Stamm von 28 Fuß Umfang getroffen. Vorzugsweise im tiefen leichten Sand der Küsten, sehr widerstandsfähig gegen Stürme, gedeiht auch künstlich angebaut auf höheren trockenen Standorten, auf Thonboden. Man pflanzt 2jährige Sämlinge 30—40 cm hoch in 1,20 m Abstand. Mit 15 Jahren, wenn die Stämme 0,45 m Umfang am Boden haben, wird durchforstet, will man nur Brennholz haben, wird der ganze Bestand abgetrieben. Zur Gewinnung von Nutzholz läßt man ihn weitere 15 Jahre stehen, bis wohin die Stämme 0,75 m stark geworden sind. Holz sehr harzreich, sehr zähe und dauerhaft, viel zu Bauten benutzt. Diese Art findet sich in fast allen selbst den kleinsten japanischen Gärten, wo man ihn zu den wunderbarsten Formen durch Beschneiden, Binden u. s. w. heranzieht.

Pinus densiflora. (Sieb. et Zucc.)
(japanisch: Akamatsu.)

Eingeführt 1854. Im Gegensatz zu der vorigen Rothkiefer genannt, wegen der rothbraunen Rinde. Zweinadelig. Häufiges Vorkommen in Nippon und Yezo. Südliche Lage, sandiger, trockener Boden. Größter Stammumfang 2,50 m am Boden, bei einer Höhe bis 55 Fuß. Holz fast dieselben Eigenschaften wie Pinus Massoniana, mit dem es im Handel vielfach verwechselt wird.

Abies Tsuga. (Sieb. et Zucc.)
Syn.: Tsuga Sieboldi (Carr.)
(japanisch: Tsuga, Tsunga, auch Araragi.)

Eingeführt 1853. Japanische Hemlockstanne. Kommt in Japan wenn auch nicht in Massen so doch unter allen Breiten vor, findet sich auf hohen Bergen als auch auf leichterem Boden der Ebene, — selten an den Küsten; in den nördlichen Provinzen Matsu und Dewa, am häufigsten nach Dupont in der Provinz Shinano. Beide Abhänge des Fusiyama auf 8—9000 Fuß hoch sind mit Tsuga bestanden. Wegen seines hohen Standortes sehr unzugänglich, daher die Ausbeute schwierig und selten im Handel. Holz von sehr guter Qualität, harzreich, bräunlich, dessen schönste Stücke unter dem Namen rothe Tsuga (akatsuga) gehen. Wird von den Japanesen sehr geschätzt und erzielt wegen seiner Seltenheit einen hohen Preis. Hinsichtlich der Höhe des Baumes widersprechen sich die Berichte und schwanken zwischen 20 und 100 Fuß, die wahrscheinlichste möchte ungefähr 50 Fuß sein und hat man bei diesen einen Umfang von 4 m gemessen.

Larix leptolepis (Gordon).
(japanisch: Karamatsou oder Fudsimatsu.)

Eingeführt 1861 durch Veitch. Auf den Bergen der Insel Nippon, auf Yezo zwischen 1200 bis 2500 Meter hoch. Auf leichtem Boden, auch in vulkanischem Gestein; so findet man auf dem Fusiyama einen schönen Bestand über demjenigen der Abies Tsuga, auf demselben Berge wie vorhin erwähnt. Die guten Eigenschaften des Holzes werden gerühmt; ist im Handel selten wegen der schwierigen Gewinnung von den hohen Standorten im Gebirge.

Thuyopsis dolabrata. (Sieb. et Zucc.)
(japanisch: Hiba oder Akeki).

Schon seit 1784 durch Thunberg unter dem Namen Thuya dolabrata bekannt, eingeführt 1861 durch Veitch. Häufiges Vorkommen in den Provinzen Shinano und Mino, wird 6 bis 8000 Fuß hoch im Gebirge gefunden, auf der Insel Nippon an fruchtbaren Thalab= hängen. Ein Baum von 50 Fuß Höhe bei 1—2 Fuß Durchmesser, fast stets zusammen im Bestande mit Retinospora pisifera, vielfach mit Retinospora obtusa und Sciadopitys verticillata, — soll auch etwas weniger anspruchsvoll als diese sein. Das Holz wird sehr geschätzt, steht zwischen dem der beiden nachfolgenden Retinosporen und wird im Handel mit diesen häufig verwechselt.

Thuyopsis Standishii. (Gordon.)
Syn: Thuya japonica (Maximowicz).
(japanisch: Nedzko.)

Eingeführt 1861. Kommt auf den Bergen von Nippon, auch bei Yedo vor. Berichte aus Japan über diese Art sind sehr dürftig*). Das Holzstück von der japanischen Regierung indessen fordert gerade wegen seiner schönen Färbung mit dunkeln Streifen zu Versuchen mit dieser Art auf.

Chamaecyparis pisifera. (Endlicher.)
Syn: Retinospora pisifera (Sieb. et Zucc.)
(japanisch: Sawara.)

Eingeführt 1861 durch Veitch. Ein vortrefflicher Baum, der sich auch bei uns in allen Lagen und Boden bewährt, rasches Wachsthum, sehr genügsam. Große Verbreitung in Japan, 60—80 Fuß hoch, bei einem Durchmesser von 2—3 Fuß. Man findet reine Bestände und theilweise gemischt mit Retinospora obtusa in den Staatsforsten der Provinzen Shinano, Mino und Hiba. Das Holz steht dem der nach= folgenden Art hinsichtlich der Qualität etwas nach; wo daher dasjenige der R. obtusa als zu kostspielig gefunden wird, verwendet man R. pisifera.

Chamaecyparis obtusa. (Endlicher.)
Syn: Retinospora obtusa (Sieb. et Zucc.)
(japanisch: Hinoki.)

Eingeführt 1861 durch Veitch. Einer der nützlichsten Waldbäume Japans, bis 100 Fuß hoch werdend, bei einem Stammumfang von 4,5 m am Boden, auf tiefgründigem Boden rasch wachsend, wird viel= fach künstlich angebaut, was nach Dupont wie folgt geschieht: Auf gutem Boden pflanzt man auf 1,50 m Entfernung, durchforstet nach 15 Jahren, wo die Bäume 10—12 Fuß hoch sind, die zweite Durchforstung geschieht 10 Jahr später; 35 Jahr alt haben sie bei guten Bodenver=

---

*) Wird in manchen Büchern gar nicht erwähnt.

hältnissen einen Umfang von 1,50 m am Boden, gewöhnlich aber läßt man sie 40—50 Jahr alt werden. Auf weniger günstigem Boden pflanzt man auf 0,60 m zweijährige in der Baumschule erzogene Pflanzen; erste Durchforstung nach 10 Jahren, wo sie eine Höhe von 3,60 m erreicht haben; nach weiteren 10 Jahren, wo sie 9 m Höhe bei einem Umfang von 0,15 m haben, schlägt man die Hälfte. Der dann bleibende Be= stand steht auf 2,40 Entfernung, man läßt ihn solange stehen, bis die Stämme 1 m Umfang haben und schlägt ihn, vorausgesetzt, daß man ihn nicht für große Bretter verwenden will; für diesen Fall forstet man noch einmal durch.

Verlangt in der Jugend Schutz, zieht nördliche Lagen vor. Der Japaner schätzt das Holz außerordentlich. Die Religion des Shinto be= trachtet ihn als einen heiligen Baum, daher die Tempel dieser Secte, unter Ausschluß alles anderen Holzes und jeglichen Metalles, nur von dieser Art hergestellt werden. Es ist das schönste und feinste Nadelholz, welches für luxuriöse Bauten genommen werden kann. Man läßt das Holz im Naturzustand, ohne Firniß u. s. w., um die Feinheit und schönen Farben des Holzes, seine geschätzteste Eigenschaft, zu conserviren.

Sciadopitys verticillata. (Sieb. et Zucc.)
(japanisch: Kooya-maki.)

Eingeführt 1861. Auf dem Berge Koyasan, Insel Nippon, auf den Bergen der Provinz Shinano in großen Beständen mit Retinospora obtusa, auch in der Provinz Mino, sonstiges Vorkommen selten; erreicht eine Höhe von 100—150 Fuß mit einem Umfang von 10—11 Fuß auf 3 Fuß vom Boden (nicht wie Siebold in seiner Flora japonica be= richtet 12—15 Fuß hoch). Verträgt keine lichte Stellung noch warme Lagen, junge Pflanzen lieben gedrängten Stand und Dickicht in nörd= licher Abdachung, dringen durch das Laubholz, eine feste regelmäßige Pyramide bildend, fructificirt mit 15—20 Jahren, bei einer Höhe von 4,5 m. Zur Anzucht in Japan wählt man eine schattige nördliche Lage, auf Boden, der großentheils von dem Abfall der Nadelhölzer gebildet ist, mischt ihn mit Sand, um das Ganze in einem Zustand beständiger Frische zu erhalten. Wächst auch leicht aus Stecklingen und Ableger, man findet häufig Zweige vom Winde gebrochen, welche bei der Berührung mit dem Boden Wurzeln gemacht haben. Widersteht strengen Frösten, auch den Nachtfrösten. Selten in den Gärten von Yedo und dann meistens in schlechten Exemplaren, da man sie als größere Pflanzen ver= setzte. Holz weiß, sehr fein, glänzend, fest und hart.

Ueber Pflanzenerziehung mit besonderer Rücksicht auf die Provenienz des Samens.

Bevor wir zu der Beschreibung der zum versuchsweisen Anbau empfohlenen einzelnen Arten übergehen, möchte es geboten erscheinen, etwas Allgemeines über einige wesentliche Punkte bei der Anzucht vorauszuschicken, die meistens ganz außer Acht gelassen und nur in seltenen Fällen gebührend berücksichtigt werden.

Die vielfachen ungünstigen Resultate, welche sich bei der Anzucht unserer Waldbäume ergeben, sind zum größten Theil zurückzuführen auf ungünstig gelegene Saatkämpe, auf zu guten Boden oder zu reichliche Düngung und auf ungenügende Samenqualitäten, welche zur Aussaat benutzt wurden. Die zum Saatkamp benutzte Fläche wähle man nicht in der Nähe großer Bäume, wie man es häufig findet, da die jungen Pflanzen, wenn sie im Bereiche des Schutzes und Schattens, den jene gewähren, sich schwächlich entwickeln, und sich namentlich, später auf Freilagen versetzt, nicht widerstandsfähig erweisen; man vermeide eine östliche Lage, wo die frühe Morgensonne im April und Mai nach einem Nachtfrost sehr schädlich wirken kann; am besten ist eine südliche oder südwestliche Lage, weder zu sehr geschützt, noch zu sehr exponirt, und ist unter allen Umständen leichterer Boden einem schwereren vorzuziehen. Namentlich bei Nadelhölzern muß zu guter Boden vermieden werden, aller Dünger bei diesen ist geradezu verderblich, während er bei Laubhölzern mit Nutzen mäßig angewendet werden kann.

Die durch zu reichliche Nahrung, — künstliche oder natürliche, — aufgeschossenen Pflanzen treiben bis in den Herbst, verholzen schlecht und sind meistens den frühen Herbstfrösten verfallen.

Schon bei unseren einheimischen Arten haben wir vielfach Gelegenheit, diese Beobachtungen anzustellen, aber noch häufiger finden wir durchaus unbefriedigende Resultate bei der Anzucht fremder Holzarten. Dem theueren Samen glaubt man es schuldig zu sein, ihn auf ganz besondere Art behandeln zu müssen, säet ihn auf viel zu guten Boden, schützt die Pflanzen in besonderer Weise, kurz, das Wachsthum wird auf unrichtige Art befördert, und werden dadurch Pflanzen erzielt, welche aufgegeilt in feuchten Sommern faulen und umfallen, oder über die Gebühr wachsen, um im Winter theilweise oder ganz wieder zu verschwinden.

Während nun diese beiden Punkte hinsichtlich der Lage des Saatkampes und der Wahl richtiger Bodenverhältnisse mit einiger Aufmerksamkeit leicht berücksichtigt werden können, ist die Samenfrage eine weit schwierigere, da der in den meisten Fällen gelieferte Nachweis eines bestimmten vorgeschriebenen Procentsatzes Keimfähigkeit durchaus ungenügend ist und noch lange nicht die Garantie zur Erziehung wirklich kräftiger Pflanzen in sich schließt, — namentlich aber von der Keimfähigkeit in keiner Weise ein Schluß auf die in vielen Fällen entscheidende Provenienz gezogen werden kann.

Es ist ja bekannt und in forstlichen Zeitschriften zur Genüge entwickelt, wie vielfach manche Samen hinsichtlich ihrer Qualität zu wünschen übrig lassen, wie viel noch geschehen kann, um diese zu verbessern, daß man nicht von schlechten, alten und kranken, sondern nur von den kräftigsten Individuen sammeln solle u. s. w.*)

Wenn nun aber in dieser Beziehung bei unseren einheimischen Arten noch sehr viel zu thun übrig bleibt, noch vielfach höchst ungenügende Qualitäten alljährlich zur Aussaat gelangen, wo man doch immerhin bis zu einem gewissen Grade die Mittel besitzt, sich wirklich gute Samen zu schaffen, wie unendlich viel schwieriger gestaltet sich diese ganze Samenfrage, wenn es sich um den Bezug aus fernen Ländern handelt, schwer erreichbar und schwach bevölkert, wo für uns neben der allgemeinen Forderung, nur gute Samen zu erhalten, noch die in vielen Fällen speciell wichtige Frage hinsichtlich der Provenienz in Frage kommt. Es ist ganz unzweifelhaft, daß ein großer Theil der ungünstigen Resultate, welche bisher mit den Samen ausländischer Holzarten erzielt worden sind, nicht nur in den ersten Stadien der Pflanzen, sondern im Verlaufe der Jahre, nicht sowohl auf ungenügende Samenqualitäten im Allgemeinen, sondern ganz speciell auf die Gegend oder Localität, wo sie gesammelt wurden, zurückzuführen sind.

Schon Wangenheim macht vor hundert Jahren, wie bereits früher erwähnt, darauf aufmerksam, wie der in Carolina gereifte Same von Juniperus virginiana durchaus verschieden sei von dem in Canada

---

*) Einfluß des Samens auf die Pflanzenerziehung von John Booth, Zeitschrift für Forst- und Jagdwesen von Danckelmann. Juniheft 1881.

geernteten. Vielfältige Erfahrung bei uns, sowie namentlich die von durchaus competenten Seiten amerikanischer Beurtheiler vorliegenden Zeugnisse, bestätigen die Wangenheim'sche Beobachtung in jeder Weise. So ist es eine häufig berichtete Thatsache, daß ein Theil derjenigen Nadelhölzer, aus Samen erzogen, welcher im nordwestlichen Amerika jenseits des Felsengebirges, bis an die Küste des stillen Oceans, also im engeren Sinne in Californien reifte, den strengen Wintern des östlichen Amerika nicht zu widerstehen vermögen und vollständig erfrieren; daß dagegen die nämlichen Arten aus diesseits des Gebirges und aus Colorado geernteten Samen dort vollkommen winterhart sind. In einer Mittheilung bezüglich dieser wichtigen Frage, theilt Professor Sargent in Brookline (Massachusetts), Leiter der statistischen Aufnahmen amerikanischer Waldverhältnisse für den zehnjährigen Census 1870/80 mir folgendes mit: Die Coniferen des mittleren Felsengebirges werden für den Norden Europas von dem allergrößten Werthe sein, (the very greatest value), wenn man danach urtheilen darf, wie sie sich in unserem scharfen Klima Neuenglands entwickeln, und ich hoffe, daß sie allgemein dort eingeführt werden.

Der bekannte Botaniker Dr. J. Engelmann in St. Louis, eine unbestrittene Autorität in dieser Richtung, welcher die Coniferen der Californischen*) Flora bearbeitet hat, theilte mir brieflich seine Ansicht hierüber mit: „Ich gebe den Rath, den ich immer und immer wiederhole, doch davon abzustehen, Californischen Samen nach Deutschland verpflanzen zu wollen, wenn man dieselben Arten aus einem kälteren Lande haben kann. Die Samen, welche aus Colorado kommen, geben viel ausdauerndere Bäume als die Californischen." Beide, sowohl Professor Sargent als auch Dr. Engelmann, sind in dieser Beziehung die competentesten Beurtheiler, und werden willig von Engländern und Amerikanern als solche anerkannt, — ich betone dieses hier ausdrücklich zur Beachtung für manche deutsche Kritikaster. Vollkommen bestätigt werden oben erwähnte Thatsachen von großen Pflanzenzüchtern im Osten Amerikas, in Michigan, wo eine Kälte von 25—30° nichts seltenes ist. Nach diesen Berichten sind Abies Douglasii, Pinus ponderosa und andere, aus californischen Samen erzogen, ganz zarte Pflanzen und erfrieren, während unter denselben Verhältnissen aus Colorado-Samen erzogene Pflanzen durchaus hart sind und die kältesten Winter mit den eisigen Winden der Prairien ohne Schaden aushalten. Noch schärfer spricht sich neuerdings Mr. John Robinson vom Arnold Arboretum

---

*) Botany of California Vol. II. pag. 117.

(Maffachufetts) in einer Rede über Samen von der Küste des ftillen Meeres aus*): „Die Samen der Douglasfichte von den Rocky Mountains liefern vollftändig winterharte Bäume, während Pflanzen von der=felben Art, erzogen aus Samen des milderen feuchten Klimas der Pa=cific=Staaten, fich abfolut nicht in den öftlichen Staaten accomodiren, wie auch faft alle anderen Bäume mit kaum einer Ausnahme, die aus Samen von der Region weftlich der Rocky Mountains erzogen werden.

Da wir alfo nur eine unvollkommene Kenntniß über die Verbrei=tung einer Art haben, können wir nicht ohne Weiteres behaupten, daß ein Baum hart und für forftlichen Anbau zu verwenden fei, erft müffen wir im Falle eines weiten Verbreitungsgebietes einer Art die genauen phyfikalifchen Bedingungen derjenigen Oertlichkeit, woher wir den Samen bezogen, kennen."

Kann es nach diefen Thatfachen noch überrafchend erfcheinen, wenn die Refultate bei den Ausfaaten fremder Holzarten häufig fo wenig befrie=digend find? Ein wie geringer Theil der aus Amerika importirten Samen erfüllt die in erfter Linie zu ftellende Bedingung, daß er dort geerntet wurde, wo er geerntet werden muß, um auch bei uns kräftige widerftandsfähige Pflanzen zu erziehen.

Was an der Küfte des ftillen Oceans und im Bereich der Seewinde wächft, paßt im Allgemeinen nicht für uns, — da es aber am leichteften zu erreichen und die Hände zum Sammeln hier am reichlichften vorhan=den find, fo ftammt ein großer Theil der im Handel vorkommenden Samen aus diefen Gegenden. Es ift wahrlich ein Unterfchied, ob die Sammler auf Monate in den einfamen Gegenden des Felfengebirges, in einer Höhe von 6—10,000 Fuß, von den beften Stämmen fammeln, oder ob fie fich mit dem genügen laffen, was ohne große Mühe in leichter zu erreichenden Diftrikten gefunden wird. Unfer Augenmerk muß aber ganz befonders darauf gerichtet fein, nicht nur Samen von den kälteften Gegenden, fondern auch von den exponirteften Standorten zu erhalten. Die einzigfte Garantie hierfür können wir nur in der Ehr=lichkeit und bona fides eines gewiffenhaften Uebernehmers in Amerika finden, und da auch er fich wiederum auf feine Sammler verlaffen muß, und dabei viel Täufchung paffirt und paffiren kann, wie es in der Natur der Sache liegt, fo wird auch uns trotz aller Cautelen manche unange=nehme Erfahrung nicht erfpart bleiben.

---

*) Address read before the State Board of Agriculture of Massachusetts in Gardeners Chronicle. January 1882.

So lange es sich noch um Versuche mit den fremden Arten handelt, die uns im Laufe der Zeit maßgebende Resultate über das Verhalten einer Art geben sollen, dürfen wir stets nur mit aus dem Vaterland importirten Samen operiren, und deshalb müssen, was hier schließlich noch bemerkt werden muß, vorläufig alle in Europa geernteten Samen bis auf Weiteres von den officiellen Versuchen ausgeschlossen sein.

Ich habe hier bereits Samen von der Douglasfichte und anderen nordamerikanischen Arten geerntet, und daraus kräftige Pflänzlinge erzogen, habe aber keine Garantie hinsichtlich der Eigenschaften dieser Pflanzen, ich kann nicht wissen, ob die Befruchtung an einem im Einzelstande erwachsenen Individuum genügend gewesen ist, und analoger Samen entstanden ist, wie im natürlichen Vorkommen ein großer Bestand ihn hervorbringt.

Ueber die unvollkommenen Resultate hinsichtlich der Befruchtung solcher im Einzelstande erwachsenen fremden Arten sind vielfache Erfahrungen an größeren Bäumen gemacht, und soll man nicht die schlechte Qualität der aus solchen Samen erzogenen Pflanzen voreilig der Art zu Last legen, sondern sich selbst den Vorwurf machen, unbrauchbare Samen überhaupt ausgesäet zu haben. Aber wie wir dieses beim Kapitel über das Erfrieren bereits nachdrücklich betont haben, macht man auch hier, von irrigen Prämissen ausgehend, durchaus unrichtige Folgerungen. Ein Beispiel dafür soll genügen. Cupressus Lawsoniana aus dem richtigen Samen erzogen ist, wenn den sonstigen Ansprüchen der Art Genüge geleistet wurde, ein absolut harter Baum, und doch erfriert er und wird vielfach mehr oder weniger stark beschädigt. Kein Wunder, denn der am Comer See, am Laggo maggiore und sonstwo im Süden gereifte Same bildet fast ausschließlich die im Handel vorkommende Qualität, wofür der bündigste Beweis in den Samenverzeichnissen vorliegt, wo man ihn etwa zu dem vierten Theil des in Amerika üblichen Preises angeboten findet. Nun ich denke, der Unterschied in der Qualität des Samens liegt auf der Hand, ob er von 20 jährigen Bäumen im warmen Süden Europas (wurde zuerst nach Europa 1854 eingeführt), oder von 150 jährigen in Nordamerika geerntet wurde. Die großen Preisdifferenzen, welche wir einzeln im Handel, auch bei anderen fremden Arten finden, lassen sich nur daraus erklären, daß bereits von vielen derselben in Europa geernteter Same verbraucht wird, da es sonst unmöglich wäre, sie hier zu niedrigeren Preisen kaufen zu können, wie man sie sich aus ersten Quellen in Amerika verschaffen kann.

Deshalb muß hier alle Vorsicht angewandt werden, die darin be=
steht, daß man nur solche Samen zur Aussaat bringt, die mit folgenden
Garantieen versehen sind, daß sie in der ursprünglichen Heimath,
daß sie bei ausgedehntem Verbreitungsgebiet derselben in
dem nördlichsten und kältesten Theile desselben, und hier
wiederum an den exponirtesten Standorten von den besten
Individuen gesammelt worden sind. Alles Andere ist für
unsere Zwecke vorläufig werthlos, da die hieraus erzogenen Ge=
nerationen häufig nicht jene guten Eigenschaften haben können, welche
der Art sonst eigenthümlich sind, und dadurch die Gelegenheit zu einer
endlosen Kette unfruchtbarer Streitigkeiten geboten wird.

Diese muß man aber auch dadurch noch zu vermeiden oder wenigstens
auf ein möglichst geringes Maß zu beschränken suchen, daß man den
Aussaaten alle und jede Aufmerksamkeit zuwendet, denn auch der beste
Same verlangt richtige Behandlung, um das höchste Ergebniß zu liefern,
und die großen Verschiedenheiten in den Resultaten lassen sich nur zu
oft auf unrichtige Methoden bei der Aussaat zurückführen. Wie wichtig
ist nicht bei den Nadelhölzern das vorherige Färben des Samen mit
Blei=Mennige, ein unfehlbarer Schutz gegen Vogelfraß, — wie oft von
entscheidender Bedeutung die vorsichtige Bedeckung des Samens vorzugs=
weise mit leichter Sanddecke, und so giebt es eine Menge kleiner Ma=
nipulationen, die alle zusammen genommen wichtig genug sind, um ein
gutes oder bei Unterlassung ein schlechtes Resultat zu erzielen.

Ich lasse nun in Kürze einige wesentliche Angaben über diejenigen
Arten folgen, mit denen nach dem Beschluß des Vereins deutscher forst=
licher Versuchsanstalten in den Staatsforsten in systematischer Weise
Versuche angestellt werden.

Pinus rigida (Miller).

Eingeführt nach England 1759. Die ächte Pitch Pine. Das meiste Holz, welches im Handel unter dem Namen Pitch Pine vorkommt, kommt von der südlichen Red Pine, Pinus australis Michaux oder Pinus palustris (Miller), einer Kiefer aus den Südstaaten Florida, Louisiana u. s. w., die bei uns ganz weich ist. Kommt im nördlichen Vermont, Georgia, in Maine und an anderen Stellen vor. Vielfach künstlich angebaut. Wird 40—60 Fuß hoch, 1 bis 2 Fuß Durchmesser; an günstigen Standorten, Sand mit Lehm und viel Feuchtigkeit, 70—80 Fuß und mehr bei 3 Fuß Durchmesser. Emerson berichtet von Bäumen im südwestlichen Massachusetts von 100 Fuß hoch und einem Durchmesser von 4—5 Fuß, wird aber jetzt nur selten dort so groß gefunden. Nach übereinstimmenden amtlichen Berichten aus Amerika, findet sie sich in den trockensten unfruchtbarsten sandigen Bodenarten, und ebenso in tiefen Sümpfen. Hinsichtlich Boden und Lage sehr genügsam und vielfach dort noch gedeihend, wo keine andere Kiefer mehr fortkommen würde. Wo sie auf dem sterilsten Sande angebaut wurde, zu schlecht für irgend eine andere Cultur, machte sie in 10 Jahren 12—15 Fuß; 60—70jährige Bäume hatten in den ersten 25 Jahren $\frac{2}{9}$ bis $\frac{2}{5}$ Zoll jährlichen Durchmesser gewonnen. Man findet die werthlosesten unfruchtbaren Ländereien nach 50—60 Jahren mit einem 40—50 Fuß hohen Kiefernbestand von einem Fuß Durchmesser.

Das Holz der Pitch Pine ist von viel größerem Werth als gewöhnlich angenommen wird. Es ist hart und fest und enthält auffallend viel Harz; bei einem Baume, der noch einige Jahre steht, nachdem er im Wachsthum nachgelassen, ist das Holz derart mit Harz durchzogen, daß man es „Pitch wood" nennt, in diesem Zustand ist es unverwüstlich, wie man es häufig in alten Wäldern gefunden hat, wo es seit langen Jahren abwechselnd Feuchtigkeit und Trockenheit ertragen hat. Es wird deshalb wegen seiner Dauerhaftigkeit für Wasserräder, Pumpen, namentlich Schiffspumpen, Eisenbahnschwellen und für alle Baulichkeiten, die der Feuchtigkeit exponirt sind, angewandt, als Brennholz jedem anderen Holze vorgezogen, — ist ausgezeichnet für Fußböden und ebenso dauerhaft wie das der Pinus palustris.

Für uns hat die Pinus rigida noch ein besonderes Interesse dadurch, daß sie, auf den Stock gesetzt, wieder ausschlägt. Versuche sind fast überall mit gutem Erfolge ausgeführt,*) eine Eigenschaft, die unseres Wissens keine andere Kiefer zeigt.

---

*) Das Vorkommen gewisser fremdländischer Holzarten in Deutschland von Weise. Seite 6.

Pinus ponderosa (Douglas).

Syn.: Pinus Benthamiana (Hartweg).
Pinus Beardsleyii (Murray).

———

Eingeführt 1826. Allenthalben in Oregon und Californien, an den westlichen Abhängen der Sierra Nevada. Bekannt unter dem Namen Yellow Pine.*) Eine der größten unter den bekannten Kiefern, 200—300 Fuß hoch mit einem Durchmesser von 12—15 Fuß, und die werthvollste aller im westlichen Amerika vorkommenden Kiefern. Hart= weg sah auf seinen Reisen Stämme 220 Fuß hoch mit einem Umfang von 28 Fuß. Dr. Newberry berichtet im Pacific Railway=Report, daß er sie, mächtige Wälder bildend, bis an die Grenze des ewigen Schnee's fand, ganze Tagemärsche brachten sie in diesen Wäldern zu, die Bäume im sterilsten Wüstenboden, der Boden so leicht und trocken wie Asche, wo die Hufe der Pferde bis an die Fessel einsanken, hier stand nichts anderes, als unendliche Massen von Pinus ponderosa. Wie sie dort in diesen sterilen Regionen wächst, ist sie ein nobler Baum und kommt der riesigen Pinus Lambertiana im Wachsthum nach. Man traf hier am Fuße des Berges vielfach Stämme von 6—7 Fuß Durch= messer auf 3 Fuß vom Boden. Jefferson sah in Oregon Stämme, die auf 3 Fuß einen Umfang von 25 Fuß hatten. In den sterilen Regionen des westlichen Amerika kann man tagelang in Wäldern von Pinus ponderosa reisen, wo sie häufig zusammen gefunden wird mit Abies grandis und Libocedrus decurrens.

Holz gelb, sehr schwer, hart, dauerhaft und sehr werthvoll.

In Deutschland nur bis zu 30 jährigen vorhanden, in England vielfach 40 füßige Exemplare; ein sehr schönes in Dropmore, welches ich auf ungefähr 60 Fuß schätze.

Unter dem Namen P. ponderosa der Botaniker Colorados geht außerdem noch eine von Dr. Engelmann aufgestellte Varietät dieser Art, welche er P. scopulorum nennt, welche allenthalben in dem Fel= sengebirge von Britisch Columbia bis Neu Mexico und Arizona vor= kommt, deren Stamm 80—100 Fuß hoch wird.

———

*) Pinus mitis, Yellow Pine der mittleren, und Pinus palustris (P. australis) die Yellow Pine der südlichen Staaten.

———

Pinus Jeffreyii (Engelmann).

Syn: Pinus deflexa (Torrey).

Eingeführt 1848(?)—1852 durch Jeffrey. Oregon und Californien, namentlich an den öſtlichen Abhängen der Sierra Nevada, in einer Höhe von 5000 Fuß. Wird 100—200 Fuß hoch mit einem Durchmeſſer von 10—15 Fuß, auf dürrſtem und trockenſtem Boden wachſend; wächſt aber nach hieſigen Erfahrungen und zufolge anderer Beobachtungen auch auf ſteifem Lehm. Dieſe Art ſoll nach Dr. Engelmann*) nur eine Varität der Pinus ponderosa ſein. Ihr Ausſehen und Verhalten, das Samenkorn, die Benabelung und Entwickelung der erſten Jahre deuten indeſſen auf große Verſchiedenheit hin; ſo iſt ſie namentlich weſentlich widerſtandsfähiger im Winter, und nach einer brieflichen Mittheilung des Herrn Generalpächter Sucker in Arklitten, hält ſie ſich in Oſtpreußen mit ihren prachtvollen langen Nadeln ſehr ſchön. Ueber Pinus ponderosa Douglas, var.: scopulorum Engelm. und P. Jeffreyii Engelm. bedürfen wir noch in mancher Beziehung näherer Aufklärung.

*) Botany of California II. 126.

Pinus Laricio (Poiret).

Unter dieser Bezeichnung haben wir vorzugsweise die aus den Bergen Corsikas stammende Art im Auge, nicht was in Sicilien und sonst vielfach in Italien vorkommt. Es mag sein, daß zwischen jener und den nahe verwandten, nur durch klimatische und andere Verhältnisse modificirten Varietäten, der österreichischen Pinus austriaca und der Pinus taurica oder Pallasiana aus der Krim, keine specifischen Unterschiede vorhanden sind, dennoch ist die Entwicklung der Pinus Laricio von Corsika nach sachverständigem Urtheil und auf Grund von Beobachtungen an vorhandenen Culturen eine wesentlich verschiedene.

Die Angaben über die Zeit der Einführung schwanken; während einige dieselbe bis in die Mitte des vorigen Jahrhunderts zurückführen, nennen andere den Anfang dieses als den wahrscheinlichen Zeitpunkt. Nach England kam sie ungefähr um's Jahr 1815 von Korsika. Ein vorzüglicher Baum, und wenn auch im Vaterlande vorzugsweise in höheren Gebirgslagen heimisch, zeichnet er sich durch schnelles Wachsthum (cfr. Bericht über eine Excursion in die Wälder des Herzogs von Athole), und außerordentliche Entwickelung in der Ebene aus. Einstimmig günstig sind die Berichte namentlich aus Großbrittannien über ihre Verwendbarkeit an der Seeküste sowie im Binnenland, über ihre Genügsamkeit und Widerstandsfähigkeit, da sie den Seewinden weit besser widersteht, als die österreichische oder der bei uns nicht in Betracht kommenden Pinus maritima.

Der Zuwachs ist in 50—60 Jahren außerordentlich groß, viel bedeutender als bei der P. sylvestris, das Holz ist nach Berichten aus Schottland von sehr guter Qualität, „ausnahmsweis reines Bauholz", wie ein Bericht sich ausdrückt.

Abies Douglasii (Lindley).

Die Douglasfichte.

Syn: Pinus Douglasii (Sabine).
Pinus taxifolia (Lambert).
Picea Douglasii (Link).
Pseudotsuga Douglasii (Carrière).

Amerikanische Benennungen: Douglas Fir — Red Fir — Black Fir — Douglas Spruce — Red Spruce — Black Spruce — Hemlock — Mountain Hemlock — Western Pitch — Swamp Pine — Bear River Pine und noch andere.

Eingeführt nach England von David Douglas 1827. Zuerst entdeckt von Archibald Menzies, Arzt und Naturforscher bei Vancouver's Weltumsegelung 1790—1795, am Nootka Sund.

Vorkommen in Amerika: Alaska (?), Sitka, Britisch Columbien, Washington, Oregon, Felsen-Gebirge (Rocky Mountains), Californien, an der ganzen Meeresküste, Montana, Colorado, Arizona bis Neu Mexiko, von 54°—32° N. B. Einer der hervorragendsten Waldbäume des nordwestlichen Amerika, bis 6—8000 Fuß über dem Meere in der Sierra Nevada. In Colorado zwischen 7—12000 Fuß über dem Meere, während in nördlicheren Breiten am stillen Meere ihr Standort sich lange nicht so hoch über den Meeresspiegel erhebt.

200—300 Fuß hoch mit einem Stammdurchmesser von 8—15 Fuß.

Nach den Beschreibungen von Hooker, Gray, Sargent u. a., welche in den letzten Jahren die Nordwestküste Amerikas bereisten, sind die Wälder von Douglasfichten die mächtigsten und ausgedehntesten auf der Erde.

Vorkommen in Deutschland: Die aus dem ersten von Douglas nach England gesandten Samen hier erzogene Pflanze wurde 1830/31 ins Arboretum, in mildem Lehmboden gepflanzt. Da noch zwei ähnliche Exemplare in Norddeutschland vorhanden, entschloß ich mich im Interesse der Anbauversuche mit fremden Holzarten, um ihren Holzwerth untersuchen zu lassen, sie im Januar 1882, 52 Jahr alt, zu fällen. Näheres darüber weiter unten.

Im Großherzogthum Oldenburg, Barneführerholz, Revier Streeck, Forstdistrikt Oldenburg, steht eine vor 37 Jahren gepflanzte Douglasfichte, aus Flottbeck dorthin gekommen, sie ist sogar noch stärker als das hiesige Originalexemplar,*) hatte ½ Fuß vom Boden 65 cm (= 2 Fuß 2 Zoll Oldenburg) Durchmesser, — in Brusthöhe 60 cm (2 Fuß Oldenb.), ist 55—60 Fuß hoch, alle anderen zu gleicher Zeit gepflanzten Arten weit überragend.

Weymouthskiefer hatte einen Durchmesser von 22 cm.
Oesterreichische Kiefer 25
Lärche 20
Edeltanne 25
Weißfichte 15
Gewöhnliche Fichte 23

Als sie anfing über die Gipfel der Eichen hinwegzuragen, wodurch ihr Wipfel dem scharfen Nordwest ausgesetzt wurde, stockte der Mitteltrieb, es haben sich aber mehrere Seitentriebe zu Höhentrieben ausgebildet, und hatte 1881 einen 30 cm langen Wipfeltrieb gemacht.

Ein drittes Exemplar in ähnlicher Größe, auch von hier stammend, steht im Forstgarten der Königlichen Oberförsterei Jägerhof bei Wolgast (Provinz Pommern),**) — 43 Jahr alt, 22,5 m hoch, Stammdurchmesser 43 cm bei 1 Fuß Höhe, einem Festgehalt von 1 Festmeter und eine beträchtliche Vollholzigkeit (1,2 cm Abfall auf 1 m Schaftdurchmesser bis zu 10 m Schaftlänge), trägt keimfähigen Samen.

In Lützburg, Ostfriesland beim Grafen Knyphausen:***)

„Die Douglasfichte leistet an Wachsthum so Eminentes, daß ich, etwa „die Pappel und den Ahorn abgerechnet, keinen Baum ihr gleichzu- „stellen wüßte."

In Friedelhausen (Hessen) beim Freiherrn von Nordeck zur Rabenau, ein prachtvolles Exemplar freistehend auf einem trockenen Rasenplatz, 20 Jahr alt. Die Spitze dreimal von Vögeln und Stürmen abgeschlagen, es bildete sich aber immer mit Leichtigkeit eine neue, trägt reichlich Zapfen und jedes Jahr mit keimfähigen Samen. (Briefliche Mittheilung).

In Lelkendorf bei Neukalen (Mecklenburg-Schwerin), 1856

---

*) Zeitschrift für Forst- und Jagdwesen von Danckelmann. Januarheft 1881.
**) Ebendaselbst Maiheft 1880.
***) Burckhardt, „Aus dem Walde". 1877. Seite 149.

gepflanzt vom verstorbenen Staatsminister von Levetzow, 2 Exemplare, 35—40 Fuß hoch.

In Gabow (Provinz Brandenburg) beim Grafen von Wilamo=witz-Moellendorff zahlreiche Exemplare bis 30 Fuß hoch.

In Scharfenberg bei Tegel (Provinz Brandenburg) bei Dr. Bolle einige 20 Bäume ca 25 Fuß hoch.

In Wiesenburg (Provinz Brandenburg), gepflanzt vom ver= storbenen Herrn von Watzdorff in zahlreichen Exemplaren.

Im Forstorte Iserbrook bei Blankenese (Provinz Holstein), gepflanzt von Cesar Godeffroy, verschiedene Culturen, darunter eine sehr bemerkenswerthe auf Boden 7.—8. Klasse, nicht rigolt, durchlassend, sandig trocken; Eiche, Fichte, Kiefer, alle unterdrückt und theils schon dürr durch die alles überragenden Douglasfichten, welche prachtvoll be= stockt, ein wirklich überraschendes Bild gewähren, — den Winden sehr exponirt, da sie aber im Bestand aufgehen, verlieren sie ihre Gipfel= triebe nicht.

Aehnliche Bodenverhältnisse wie in vorstehender Cultur, enthält meine Versuchsstation Sülldorf, wo Douglasfichten in allen Größen bis 20 füßige vertreten sind.

Für weitere Beispiele bis zu 20= und 30jährigen Bäumen ver= weise ich auf die amtlichen Erfahrungen, zusammengestellt vom Königl. Oberförster Weise, Eberswalde*).

Vorkommen in England: Der Herzog von Bedford sagt in der Einleitung zu seinem berühmten Werke 1839: „Die vor 12 Jahren aus dem von Douglas 1827 gesandten Samen erzogene Pflanze ist 17 Fuß hoch und wird es nicht lange währen, bis dieser ausgezeichnete Baum in England als Waldbaum angepflanzt werden wird." Und das ist auch im reichsten Maße geschehen, — fast von keiner fremden Art findet man so viel Bestände, gemischte und reine. Das berühmteste Exemplar, eins der Aeltesten, ist das von Lord Granville in Drop= more im Jahre 1828 gepflanzte, ebenfalls aus dem ersten Samen, den Douglas 1827 der Königlichen Gartenbaugesellschaft in London sandte, herstammend. Die Höhe im Jahre 1878 betrug 111½ Fuß mit einem Umfang von 12 Fuß auf 5 Fuß vom Boden, jährliches Wachsthum durchschnittlich 24 Zoll.

In Lynedoch und Scone (Perth), dem Earl of Mansfield ge= hörend, stehen 1834 gepflanzte, welche bei einer Höhe von 75 Fuß,

---

*) Das Vorkommen gewisser fremdländischer Holzarten in Deutschland. Ber= lin 1882. Verlag von Julius Springer.

7 Fuß Stammumfang auf 5 Fuß Höhe haben, andere bei 85 Fuß mit 9 Fuß 10 Zoll Umfang. Pfosten zu Einfriedigungen von 25jährigem Durchforstungsmaterial der Douglasfichte hatten sich vorzüglich bewährt.*) Weiter sagt ein Bericht über die hier ausgeführten Culturen mit diesem Baum: „Ein wesentlicher Vorzug besteht vor Lärche und Fichte darin, daß hier im trockenen sandigen Untergrund, wo diese leicht rothfaul werden, die Douglasfichte ganz vorzüglich gedeiht; auch ist die Reproduktionskraft ganz außerordentlich, — ich habe verwundete Stämme gesehen, deren halbe Rinde am Stamm abgeschält war, wo die Verwundungen, die kein anderes Nadelholz überwunden hätte, in wenigen Jahren vernarbt waren. 1857 bepflanzten wir einen sehr armen moorigen Boden in 9füßigem Abstand mit Douglasfichten, dazwischen als Schutz auf 4 Fuß in gleicher Zahl Lärchen und Kiefern; es ist jetzt fast ein reiner Douglasbestand, von denen viele 40—45 Fuß hoch sind, mit einem Umfang 3 Fuß vom Boden von 4 Fuß 3 Zoll. Auch haben wir hier reine Bestände im schönsten Wachsthum die Bewunderung aller; Tausende haben wir verwandt, um Blößen zu bekleiden in alten Beständen, und finden wir, daß kein Baum sich besser für diesen Zweck eignet; wenn er nur von oben Licht und Luft hat, geht er mit großer Schnelligkeit vorwärts. Die durchforsteten, zwanzig Jahre alten Douglasstämme benutzen wir als Pfosten und bewähren sie sich vorzüglich."

In Albury Park (Suffex) vor achtzehn Jahren gepflanzt und 65 Fuß hoch(!). In Murthly und Grandtully: „seit ihrer ersten Einführung mit Vorliebe gepflanzt, werden sie jetzt aus selbstgewonnenem Samen erzogen, in bedeutender Anzahl gepflanzt, bewunderungswürdig gedeihend. Wachsthumsverhältnisse einer Cultur in exponirter Lage, auf leicht sandigem Lehm, mit grandigem Untergrund, stellenweise sehr trocken, an anderen Stellen feucht sumpfig:

Douglasfichte	27—33	jährig	auf 2' Stammhöhe	6½—8½'	Umfg.	45—60'	hoch
Lärche	25—30	„	„ „ „	2—4	„	30—40	„
Kiefer	20—30	„	„ „ „	2½	„	20—30	„
Fichte	30—35	„	„ „ „	3½—4	„	30—40	„

Während das Holz der Fichte relativ werthlos ist, ist das der Douglasfichte fest, hart und harzreich und sehr schwer, dabei wächst sie ebenso gut in leichtem losen Sand wie im schweren Boden, mit prachtvoll geradem Stamm".

In Hopetoun (Schottland) stehen wohl 1700 Douglasfichten auf leichtem Lehm mit grandigem Untergrund von 60—100 Fuß Höhe mit einem Stammumfang von 8—15 Fuß. Gemessen auf fünf Fuß vom

---

*) Scottish Arboricultural Society Excursion 1878.

Boden ergaben sie, gleichzeitig auch den Zuwachs anderer älterer Bäume als Vergleich angebend:

	1855						1880					
Abies Douglasii 62½	Fuß Höhe 3	Fuß 6	Zoll Umfg.	72	Fuß Höhe 6	Fuß 10	Zoll
Pinus Laricio 45	„	„ 3	„ 7	„	„	56	„	„ 6	„ 4	„
Pinus sylvestris 74	„	„ 11	„ 5	„	„	78	„	„ 11	„ 5	„
Abies pectinata 103	„	„ 11	„ —	„	„	105	„	„ 11	„ 6	„
Larix europaea 99	„	„ 9	„ 9	„	„	101	„	„ 10	„ 5	„

Für weitere Oertlichkeiten, wo die Douglasfichte angebaut wird, verweise ich auf meine frühere Schrift,*) mit der ausdrücklichen Bemerkung, daß diese Angaben nur einen ganz kleinen Theil der thatsächlich in Großbritannien ausgeführten Kulturen umfassen.

Ueber das Vorkommen in Frankreich ist wenig zu berichten, aus Nizza sagt ein Bericht: Die Douglasfichte erträgt die Hitze des Sommers nicht, ist deshalb garnicht vorhanden. Es möchte diese Bemerkung mit gewissen Beschränkungen auf einen großen Theil Frankreichs anzuwenden sein, da es nicht unwahrscheinlich und wohl in der Natur der Dinge begründet sein könnte, daß für einige nordamerikanische Arten das französische Klima sich als zu warm erweisen möchte.

Verhalten der Douglasfichte in Deutschland. In dem zweiten Bericht der Commission für die Douglasfichte, erstattet in dem Märkischen Forstverein im Jahre 1880 vom Grafen von Wilamowitz-Möllendorff, heißt es: Die Mehrzahl unserer Forstbeamten anerkennt übrigens die auffällige Widerstandsfähigkeit der Art, das Reproduktionsvermögen der Pflanze nach erlittener Verstümmelung. In den meisten Fällen waren die Frostschäden älterer Exemplare im Herbst vergessen, wozu der der Art regelmäßige Johannistrieb nicht wenig beiträgt. Erstaunlich ist namentlich die Leichtigkeit, mit welcher ein verunglückter Leittrieb ersetzt zu werden pflegt. Ein Bericht aus Wien**) sagt: Ihre große Unempfindlichkeit gegen die Kälte hat der diesjährige Winter gezeigt. Eine Kälte von 22° R., durch welche die Nadeln der Abies Nordmanniana gebräunt worden sind, hat der Abies Douglasii nicht geschadet. Die große Dauerhaftigkeit der Douglasfichte hat sich an den in der Umgegend von Wien in Gärten und Parks gepflanzten Exemplaren vollständig bewährt, insbesondere auch im verflossenen harten

*) Die Douglasfichte und andere Nadelhölzer aus dem nordwestlichen Amerika mit Photographieen und einer Karte von John Booth. Verlag von Julius Springer. 1877.

**) Centralblatt für das gesammte Forstwesen. Aprilheft 1880.

Winter. Während sie denselben ganz intakt überstanden hat, wurden Cedrus Deodara, Picea Apollinis, Abies Morinda von der Kälte stark mitgenommen (natürlich!), dagegen hielt sich Wellingtonia vorzüglich. Abies Douglasii verdient den empfehlenswerthesten Waldbäumen zugezählt zu werden. Aus Stuttgart*) schreibt man: ein Forst angebauter Douglasfichten hat im Winter 1879/80 gar nicht gelitten, es wurde an keiner Pflanze auch nur eine Knospe verletzt, ja nicht eine einzige Nadel hat die Farbe gewechselt, trieben im Frühjahr 1880 ganz normal.

Graf Frankenberg-Tillowitz (Schlesien) theilt brieflich mit: Meine 3jährigen Douglasfichten haben zu meiner Freude die Frostschäden überstanden. Nur die Wipfeltriebe waren erfroren und haben sich ersetzt. Die höchste Kälte war 32—34° C.

Es sind dieses außerordentliche Kältegrade, denen sie erfolgreich Widerstand geleistet hat; man darf daher mit Recht behaupten, wo sie, wie auch darüber manche Berichte vorliegen, zu Grunde gegangen sind, andere Umstände hierfür maßgebend gewesen sein müssen. Abgesehen von der Provenienz des Samens, der, wie wir gesehen haben, eine durchaus verschiedene Pflanzenqualität erzeugt, muß darauf hingewiesen werden, daß in den meisten Fällen, wo jüngere Jahrgänge sich noch in den Pflanzkämpen befanden, hier der Boden zu kräftig und dadurch ein Wachsthum bis in den späten Herbst hinein veranlaßt wird. Ich selbst habe hier die Erfahrung gemacht, daß in einer Cultur über hundert tausend Douglasfichten in sehr gutem Boden bis zum Eintritt des Frostes keine oder nur ungenügende Schlußknospen bildeten, durch verhältnißmäßig geringe Kältegrade sehr gebräunt wurden und einen Theil ihrer Triebe einbüßten; dagegen tausende auf leichtem Sandboden rechtzeitig mit dem Wachsen aufhörten, ordentliche Schlußknospen bildeten und vollständig unversehrt blieben.

In einer brieflichen Mittheilung Sir Joseph Hooker's von Kew nach seiner amerikanischen Reise heißt es: Abies Douglasii war der am meisten vorkommende Baum in der Sierra Nevada und in den Rocky Mountains, und da dieser Baum die größte Breitenausdehnung unter allen Coniferen besitzt, gedeiht er auch in Folge dessen fast allenthalben, wenn auch seine Entwickelung bei uns verschieden sein wird, wie sie es auch je nach dem Standort und den Bodenverhältnissen in der Heimath ist. Hiernach darf es nicht Wunder nehmen, wenn wir

____

*) Forstwissenschaftliches Centralblatt. Februarheft 1881.

diesen Baum auf den verschiedensten Bodenarten sich befriedigend entwickeln sehen.

Boden und Standort. Im Barneführerholz (Großherzogthum Oldenburg), wo das vorhin beschriebene große Exemplar steht, ist tiefgründiger reiner Sandboden, und zwar so leicht, daß er, wenn er getrocknet und freigelegt wird, zu wehen anfängt.

In Friedelhausen (Hessen) steht sie auf Grauwacke und Thonschiefer, letzterer stark kalihaltig und geklüftet. Diese Steinbilduug reicht bis ca. 25 cm an die Oberfläche heran. Der Boden enthält sichtbar beinahe keinen Humus, sondern besteht aus dem Verwitterungsprodukte des unterliegenden Gesteins und trocknet meistens im Sommer sehr stark aus, so daß der Graswuchs beinahe verschwindet.

In Lützburg (Ostfriesland) auf armem Sande.

In Scharfenberg: leichter mit etwas Humus gemischter Sand, in etwa fünf Fuß Tiefe fruchtbar grobkörniger Maurersand, ganz ungeschützte Lokalität, allen Winden exponirt, 22° C. Auch auf einem sandigen Hügel, wo den Wurzeln jede Bodenfeuchtigkeit mangelt, gedeiht sie zur Genüge, ist jedoch schwer auf demselben zu etabliren. Nassen Wiesenboden scheint der Baum nicht zu lieben, obwohl er nicht verweigert auf ihm zu wachsen, zeigt aber hier dann ein weniger üppiges Ansehen.

Bericht der Commission für die Douglasfichte 1879: Lehmiger, grobkörniger, vielleicht auch etwas grandiger Sand möchte, abgesehen von der Gebirgsformation, am meisten zusagen, während sie auf nassem wie auf anmoorigem Standort nicht gedeihen will. Auch zwei Berichte aus dem Inundationsgebiete der Elbe melden sehr günstige Resultate.

Bei Bremen, Bericht des Dr. W. O. Focke: Der Garten liegt auf einer Landdüne nach Süden und Westen, völlig schutzlos, der Wesermarsch zugewendet. Der Boden ist bis zu bedeutender Tiefe völlig trockener grobkörniger Sand, alle Bäume wachsen ungemein langsam und bleiben sehr niedrig, leiden durch Trockenheit und Wind, — kein Baum gedeiht besser auf diesem dürren Dünenboden als Abies Douglasii.

In Flottbeck auf sandigem Lehmboden, wie auch auf schwererem. Eine Stunde von hier, in meiner Versuchsstation Süllbdorff und in den Godeffroy'schen Forsten auf durchlassendem trockenem Sand, — auf Sand mit Kiesunterlage, auf sehr armen Böden, wo Kiefer und Fichte zurückbleiben, die Douglasfichte aber vortrefflich gedeiht.

Eigenschaften des Holzes: Der werthvollste Waldbaum des

nordwestlichen Amerika*), zu Stämmen von gigantischen Verhältnissen sich entwickelnd. Auf der Pariser Ausstellung 1878 waren Durch- und Längsschnitte von einem Baume, der über 100 m hoch gewesen war, kerngesund, an dem man 566 Jahresringe zählte, und der auf 10 Fuß Höhe noch einen Stammdurchmesser von 9¼ Fuß hatte. Nach vielen übereinstimmenden Berichten ist das Holz schwer, fest, elastisch, sehr astrein und außerordentlich harzreich, taxusartig. In einem Separatabdruck aus dem Tharander forstlichen Jahrbuch XXII 1,**) finden wir die Bemerkung: Den Eiben schließt sich zum Verwechseln ähnlich das Holz von Abies Douglasii (Lindl.) an. Sehr günstige Berichte über die Verwendung zum Schiffbau liegen von den Schiffswerften zu Cherbourg und aus England vor. Berichte aus Schottland: Die vorliegenden Abschnitte von älteren hier gewachsenen Stämmen liefern uns den Beweis, daß das Holz allerersten Ranges ist, und sich zu fast allen Zwecken wird verwenden lassen, sei es zum Haus- oder zum Schiffsbau, und namentlich zu decorativen Zwecken der Holzbekleidung, es ist gelblich, auch röthlich, prächtige Maserung, und nimmt eine sehr schöne Politur an. Große Stücke von sehr alten Bäumen aus Amerika, wie auch das Holz des großen hier gewachsenen Originalexemplares bestätigen dieses Urtheil nach jeder Richtung.

Die Höhe des hier erwachsenen, im Januar 1882 gefällten Baumes betrug 57 Fuß, mit 50 sichtbaren Jahresringen, ist also ungefähr 1829/30 aus dem ersten von Douglas gesandten Samen erzogen. Das Exemplar hatte die Spitze, weil über alle hinausragend, in einer äußerst exponirten Lage, durch die Weststürme wiederholt eingebüßt, stets aber einen neuen Kopf gemacht.

Der Durchmesser auf ein Fuß über der Erde betrug 1 Fuß 10 Zoll (53 cm), auf 3 Fuß 1 Fuß 8 Zoll, — bis 12 Fuß Höhe sich nur sehr allmählich verjüngend bis zu 1 Fuß 6 Zoll. Dieselbe Vollholzigkeit constatirt auch der Oberforstmeister Dr. Danckelmann in seiner Beschreibung des Baumes in Jägerhof.

Um einen Vergleich mit unseren einheimischen Waldbäumen in Bezug auf die Wachsthumsverhältnisse anstellen zu können, ließ ich gleichzeitig unter denselben Verhältnissen auf demselben Standort erwachsene

---

*) Catalogue of Forest Trees by Charles S. Sargent. Department of the Interior, tenth Census of the United States. Washington 1880.

**) Das Holz der Coniferen von Dr. Julius Schröder, mit 11 Holzschnitten. Dresden 1862.

je einen Stamm der Kiefer, Fichte, Tanne und Lärche schlagen. Der Durchmesser stellte sich, bei allen das gleiche Alter der Douglasfichte von 52 Jahren gerechnet, wie folgt:

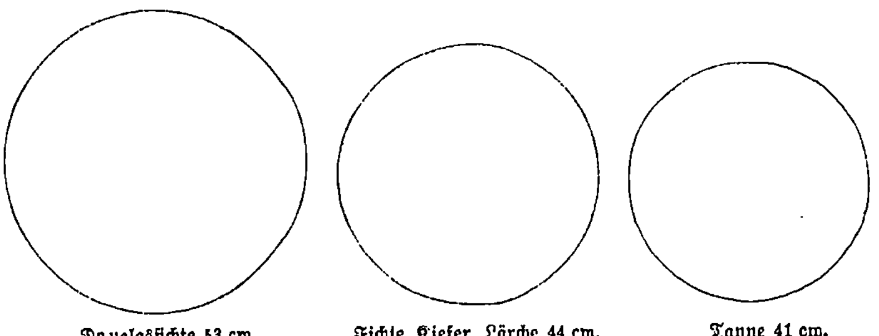

Douglasfichte 53 cm.   Fichte, Kiefer, Lärche 44 cm.   Tanne 41 cm.

Abies Nordmanniana (Link.)

Syn: Picea Nordmanniana (Loudon.)
Pinus Nordmanniana (Steven.)

———

Eingeführt durch Professor Nordmann 1841. Es findet sich fast überall als Einführungsjahr 1848 angegeben, thatsächlich ist sie aber bereits im Jahre 1841 durch den Staatsrath von Hartwiß in Nikita (Krim) in Flottbeck vorhanden gewesen.*)

Vorkommen: In der Krim, auf den Abscharbergen in der Nähe der Quelle des Kur zwischen Catalin und Achalzich, 6000 Fuß über dem Meere mit Abies orientalis Bestand bildend. Neuerdings vom Gartendirektor Scharrer in Tiflis im abscharisch-mesghis'schen Gebirge gefunden. Die darauf bezügliche interessante Mittheilung vom 14. August 1881 lautet:**) „Das Forstrevier Abas Tuman umfaßt circa 12000 h, davon sind mehr als ⅔ Nadelholzwald. Von diesem sind zwei Dritttheile Pinus sylvestris, das übrige Dritttheil ist Abies orientalis und kleinere Bestände von Abies Nordmanniana, welche in Riesenexemplaren die Grenzen der Nadelholzregion bilden. Pinus sylvestris nimmt die Sonnenstellen, Abies orientalis die Schattenseiten ein und Abies Nordmanniana sucht die thaufrischen Küsten und freien Höhenzüge circa 5000 Fuß über dem Meere auf. In diesen fast undurchdringlichen und unzugänglichen Gebirgsstrichen, wo noch keine Axt hingedrungen ist, bewundern wir wahre Wälder von Riesenbäumen. 3—400 jährige Bäume von Pinus sylvestris erreichen 100—120 Fuß Höhe bei 3 Fuß Durchmesser, die Fichten sind in noch stärkeren und höheren Bäumen vorhanden."

Vorkommen in Deutschland in zahlreichen Exemplaren bis zu 35 jährigen. Die 45 jährigen in Jägerhof sind zu alt geschätzt, sie stammen von hier und können frühestens im Laufe der vierziger Jahre dahin gelangt sein. Der 90 jährige beim Grafen von Staufenberg zu Grei-

———

*) Verzeichniß der Kiefern- und Tannen-Arten, ausgestellt am 1. Septbr. 1841 für die Versammlung deutscher Land- und Forstwirthe zu Doberan von John Booth. († 1847.)

**) Regels Gartenflora. Novemberheft 1881. S. 384.

fenstein in Bayern ist mit einem Fragezeichen zu versehen, bis nicht Thatsächliches über seine Herkunft festgestellt sein wird. Es wäre ja nicht unmöglich, daß ein Glied dieser Familie im Oriente gereist und zufällig Samen mitgebracht hätte. Die Aehnlichkeit zwischen der Edeltanne und der Abies Nordmanniana im Alter ist sehr groß, und es ist schon häufiger vorgekommen, daß 30jährige Bäume verwechselt und als Nordmannstannen angesprochen sind. Auch in England sind sehr zahlreiche große Exemplare bis zu 60füßigen vorhanden und vielfach wird diese Art zu Waldkulturen benutzt, es wird ihr namentlich aus dem rauhen Schottland*) höchstes Lob gezollt.

Der Baum nimmt mit sehr verschiedenen Bodenarten vorlieb, gedeiht selbst in trockenen und sandigen Oertlichkeiten, wo andere Tannen im Wachsthum nachlassen. Der Hauptvorzug diesen gegenüber besteht darin, daß die Kaukasustanne sehr spät treibt und daher fast nie von Spätfrösten beschädigt wird, welche für die Edeltannen bekanntlich so sehr verderblich sind. Hat sich hier auch als Schattenbaum erwiesen. Gegen Winterfrost völlig unempfindlich.

Nach bisherigen Erfahrungen in Schottland mit jungen Hölzern, erwartet man von der Abies Nordmanniana besseres Holz, als von der Tanne und Fichte.

Hier gewonnenes Material aus Durchforstungen erwies sich als härter und fester.

---

*) Transactions of the Highland Agricultural Society of Scotland. 1878.

Picea sitchensis (Carrière.)

Syn: Pinus sitchensis (Bongard.)
Pinus Menziesii (Douglas.)
Abies Menziesii (Lindley.)

Eingeführt nach England im Jahre 1831 von Douglas.

Vorkommen: im nördlichen Californien, Insel Sitka, Alaska, Britisch Columbien, — Hooker fand sie nach brieflichen Mittheilungen im Felsengebirge und nur im nördlichen Californien, von wo sie weiter nach der Insel Sitka und Japan sich ausdehnt. Auch in Oregon ist sie nach Engelmann einer der hauptsächlichsten Waldbäume. In Washington mit Thuya gigantea und Abies Douglasii zusammen. Wie weit von der nördlichen Küste des stillen Meeres und wie hoch im Gebirge sie vorkommt, hat bisher noch nicht festgestellt werden können, bis auf 8500 Fuß hat man sie gefunden, hat ebenfalls ein außerordentliches Verbreitungsgebiet, wenn auch nicht ganz so ausgedehnt, wie das der Douglasfichte.

Wird 150—200 Fuß hoch mit einem Durchmesser von 6—9 Fuß.

Nach den amtlichen Erhebungen steht ein 40jähriger Baum in Homburg, ein 25jähriger in Wilhelmshöhe, ein 35jähriger in Seyfriedberg (Bayern), außerdem nur einige wenige bemerkenswerthe Bäume. Der älteste in der Königlichen Oberförsterei zu Jägerhof bei Wolgast, ungefähr 45 Jahr alt.

Vorkommen in England: findet sich in großer Zahl bis zu 80füßigen Bäumen vor, namentlich auch in Schottland.*) In Castle Menzies (Perthshire) vor 31 Jahren gepflanzt, 73 Fuß hoch, auf 1 Fuß Höhe 10 Fuß 8 Zoll Umfang, auf 3 Fuß = 7 Fuß 11 Zoll. In Keillor Castle (Perthshire) 60 Fuß hoch, 13 Fuß 7 Zoll Umfang auf 1 Fuß vom Boden und 12 Fuß auf 3 Fuß.

Einjährige Sämlinge von 1862 waren nach 14 Jahren, also 1876 33½ Fuß hoch mit einem Umfang von 2 Fuß 7 Zoll.

---

*) On the Abies Menziesii and its value for planting in Scotland, with detailed statistics of its progress in the country by R. Hutchison of Carlowrie (from the Transactions of the Highland and Agricultural Society of Scotland 1878).

In Balgowan 1850 — 20 Fuß hoch) — 3 Fuß Umfg. auf 3 Fuß
1876 — 56½ „ „ — 12 „ „ „ 3 „

In Terregles (Kirkcudbrightshire) 40 Jahr alt, 60 Fuß hoch — 14 Fuß Umfang auf 1 Fuß vom Boden und 11 Fuß auf 3 Fuß.

Boden und Standort: trockener Boden ist durchaus zu vermeiden, eine Erfahrung, die auch hier gemacht ist, da die Pflanzen bald anfangen unansehnlich zu werden und ihre Nadeln theilweise fallen lassen; zieht einen feuchen Standort vor, die größten Bäume in England und Schottland stehen vielfach unmittelbar in der Nähe von Teichen, am Ufer von Bächen u. s. w., verlangt im allgemeinen einen frischen sandigen Lehm, wächst stellenweise auch vortrefflich auf leichtem sandigen Boden mit feuchtem Untergrund, auf sandigem thonigen und auf rothem Lehm — ebenso auch auf schwerem feuchten Boden, wie auch an moorigen Plätzen und Sümpfen, liebt Schatten und Feuchtigkeit, gedeiht nicht auf Kalk.

Der Herzog von Bedford*) fand sie in Methven Castle in einer exponirten Lage in kaltem moorigen Boden, besser gedeihend als wie er sie sonst irgendwo gefunden hatte.

Ein Baum, der nach Klima und Lage sehr variirt in seiner Benadelung und Veranlassung zu vielen Mißverständnissen gegeben hat. Es giebt eine prächtige bläuliche Art mit stachlichten Nadeln, die man nicht ohne Verletzung berühren kann, und eine grünliche mit ganz weichen Nadeln, außerdem fehlt es nicht an mannichfachen Zwischenformen.

Auch bei dieser Art betont Dr. Engelmann wiederum ganz besonders, in Rücksicht auf das große Verbreitungsgebiet, die Verschiedenheit des Samens zu beachten; daß unter Kultur die aus Samen von der nordwestlichen Meeresküste erzogenen Pflanzen sich wesentlich anders entwickeln, als diejenigen, welche man aus Samen der Felsengebirge gewinnt.

Eigenschaften des Holzes: Wenn sich die Sitka-Fichte in Bezug auf Güte des Holzes auch nicht mit der Douglasfichte messen kann, so übertrifft sie diese in Schottland hinsichtlich der Massenproduktion, an einigen Stellen sogar auch im Wachsthum. Es unterliegt keinem Zweifel, sagt Hutchison in seiner Monographie, daß das Holz in jüngerem Alter gefällt, unserer Fichte im gleichen Alter weit überlegen ist, sowohl hinsichtlich der Qualität, Elasticität und Dauerhaftigkeit.

Dr. Newberry in Pacific Railway-Report nennt das Holz von ausgezeichneter Qualität. Auch im amtlichen Catalog über Waldbäume wird das Holz als werthvoll bezeichnet.

---

*) Pinetum Woburnense pag 93.

Thuya Menziesii (Douglas.)

Syn: Thuya Lobbii (Veitch.)
Thuya gigantea (Nuttall.)
Western Arbor vitae. Oregon Cedar.

Eingeführt 1853 durch William Lobb. Bei Einführung dieser ausgezeichneten Art zum versuchsweisen Anbau, muß gleich auf die häufige Namensverwechselung mit einer anderen aufmerksam gemacht werden. Von Douglas in seinen Manuskripten zuerst als Th. Menziesii benannt und vom amerikanischen Botaniker Nuttall als Thuya gigantea be= schrieben*). Mit diesem Namen wurde indessen auch später die von Torrey bereits während der Expedition nach Californien unter Oberst Frémont 1843/44 entdeckte Libocedrus decurrens**) bezeichnet. Diese kam zuerst nach Schottland durch Jeffrey, den die Scotch Oregon Association zur Erforschung von Oregon hinausgeschickt hatte und ohne Kenntniß des Torrey'schen Namens nannte der Botaniker Balfour von der Oregon Committe sie Thuya Craigiana, von der Carrière wiederum behauptete, sie sei Syn. mit der Thuya gigantea (Nuttall). Auch in Gordons Pinetum findet sich die Verwechselung der Thuya gigantea mit Libocedrus decurrens Seite 105. Suppl. 102.

Der bekannte Reisende Lobb sandte 1853, etwas später als die Libocedrus nach Europa gekommen war, zuerst wieder die obige Thuya von Nordamerika, und da unter dem Namen Thuya gigantea bereits eine ganz andere Pflanze existirte, so nannte Veitch die seinige zu Ehren seines Reisenden Thuya Lobbii. Da der Name Thuya Menziesii auch in Amerika für diese Pflanze gilt, die Bezeichnung Thuya Lobbii dort ganz unbekannt ist, und der Name Th. gigantea in Europa stets zu Verwechselungen Veranlassung giebt, so glaubten wir den ursprüng= lichen Namen von Douglas wählen zu sollen, um nach allen Seiten hin Irrthümer zu vermeiden.

Vorkommen zwischen dem 44° und 57° n. B., Vancouver, Sitka, British Columbia, Washington Terr., nördliches Oregon. In den Cascade und Felsengebirgen, Utah. Am Columbia und Fraser=Flusse. Nach

---

*) Plants of the Rocky Mountains.
**) Plantae Fremontianae, or description of plants collected by Col. I. C. Frémont in California by John Torrey (Smithsonian Contributions to Knowledge Vol. VI. p. 7. 8. plate III.

Newberry (Botanical-Report) in den meisten Theilen Oregon's, — Nuttall sah die größten Bäume in Port Orford, wo sie fast die Größe der Douglasfichte erreichen. Dr. Lyell beschreibt die Dimensionen eines Baumes an der Mündung des Fraser-Flusses, 6 Fuß vom Boden, 26⅔ Fuß Umfang und 260 Fuß hoch, und wird von solchen mit 45 Fuß Umfang berichtet.*) Gewöhnlich 100—150 Fuß hoch mit einem Durchmesser von 3—12 Fuß.

Wo wir sie hier oder in England angebaut finden, hat sie sich fast allenthalben als ganz außerordentlich rasch wachsend gezeigt, sie gedeiht am besten in feuchtem namentlich frischem Sand, nicht schwerem Boden, garnicht in schwerem undurchlassendem Lehm. Nach vielen vorliegenden Berichten möchte es wenig Nadelhölzer geben, welche in ihnen zusagendem Boden sich so rapide entwickeln, — 2jährige Sämlinge einmal verschult, gewöhnlich 6—12 Zoll hoch.

In Deutschland ausgezeichnet in Gadow beim Hrn. Grafen von Wilamowitz in feuchtem Sand.

In Blumenthal bei Bremen bei Herrn Wätjen aus dort gewonnenem Samen 30 Fuß hoch.

In Destedt beim Hofjägermeister von Veltheim sich ganz außerordentlich entwickelnd.

In England an sehr vielen Stellen in 25 Jahren ungefähr 50 Fuß hoch, mit einem Umfang von 4 Fuß auf 3 Fuß vom Boden.

Das Holz übertrifft nach amerikanischen Berichten an Leichtigkeit und Dauerhaftigkeit alle anderen Arten, steht ihnen aber hinsichtlich der Stärke und Biegsamkeit nach. Es findet eine außerordentlich vielfache Verwendung, namentlich auch wegen seiner halbbräunlichen Farbe zum inneren Ausbau der Häuser. Thuya gigantea wird als der beste Freund der Indianer**) bezeichnet, da sie alle erdenklichen Geräthe für Haus, Jagd, Fischerei und Krieg daraus herstellen. Namentlich verfertigen sie aus dem Stamm ihre berühmten Canoes, welche, mit Ausnahme der aus Birken gefertigten, leichter und eleganter als von allen sonstigen Arten gemachten sind. Das Holz ist außerordentlich dauerhaft und spaltet sehr leicht.

Aus der dünnen Rinde, welche in langen Stücken abzunehmen ist, fertigen die Indianer Segel, Taue, Säcke, Kleidungsstücke u. s. w., auch bedecken sie damit die Dächer ihrer Hütten und Häuser.

_____

*) Petermann, Geographische Mittheilungen. Heft 1 u. 3. 1869.
**) Transactions Bot. Soc. Edin. Vol. IX.

Cupressus Lawsoniana (Murray.)

Syn: Chamaecyparis Lawsoniana (Parlatore.)
Chamaecyparis Boursierii (Decaisne.)
Oregon Cedar.   White Cedar.   Port Orford Cedar.

Eingeführt 1854 durch William Murray*), daher sind die Angaben, welche jetzt schon von 30—40jährigen berichten, etwas zu reduciren. Oregon und südwärts der Küste bis zur Mount Shasta-Region. Nord Californien, hauptsächlich zwischen 40—42° n. B. Professor Sargent fand in Oregon einen großartigen Wald mit Stämmen von über 200 Fuß hoch bei einem Durchmesser von 6 bis 10 Fuß. Aus einer brieflichen Mittheilung desselben unterm 19. December 1880 kommt über diesen Baum folgendes vor: „Nachdem ich die Gelegenheit gehabt, alle Coniferen des nordwestlichen Amerikas in ihren heimischen Forsten zu studiren, erkläre ich Cupressus Lawsoniana als einen der allerwerthvollsten Waldbäume in Nordamerika, da das Holz für viele Zwecke unvergleichlich und von keiner andern Art erreicht wird. Dasselbe ist weiß, fest, elastisch, astrein, leicht bearbeitet und sehr dauerhaft, wegen seines Wohlgeruchs wird es nicht von Insekten angegriffen."

Wächst fast in jedem Boden, nach englischen Berichten selbst kalte und nasse nicht ausgeschlossen, nur nicht in Haide.

Im leichten sandigen als auch im schweren Lehmboden in fast jeder Exposition, ist sehr hart und accommodationsfähig. Selbstredend kann man solche Pflanzen vorläufig nur aus gutem harten Samen erziehen, nicht aber aus südeuropäischem; es muß dieses hier nochmals ganz besonders betont werden, denn da sie schon früh keimfähigen Samen bringt, stammt das meiste des im Handel vorkommenden aus Südeuropa, hieraus erzogene Pflanzen sind vielfach ganz weichlich und erfrieren sofort. In England findet man häufig 35—40 Fuß hohe Bäume, 20 Jahre alt, mit einem Umfang von 2½ Fuß auf 3 Fuß vom Boden.

---

*) Zuerst beschrieben von seinem Bruder, dem Botaniker Andrew Murray in Edinburgh. New Philosophical Journal, new Series. April 1855.

Juniperus virginiana (Linné.)
Rothe Ceder.

Eingeführt 1664. Neu Braunschweig und Canada bis 45° n. B., westlich bis Britisch Columbien, Washington, sehr verbreiteter Baum, 60—80 Fuß hoch, in Größe abnehmend bis zur Strauchform je höher nach Norden; findet sich auch in Deutschland an manchen Stellen in hundertjährigen Bäumen bis zu 20 m Höhe, liebt frischen feuchten Boden, nimmt aber mit mancherlei Bodenart vorlieb. Ziemlich langsam wachsend, in geringer Größe und nur verhältnißmäßig wenig Masse bringend, ist sein Anbau dennoch zu empfehlen wegen des hohen Preises, welchen das Holz erzielt, das namentlich zur Bleistiftfabrikation in großen Mengen konsumirt wird. Das aus Braunschweigischen Stämmen gewonnene, für Verarbeitung an die berühmte Bleistiftfabrik von Faber nach Nürnberg gelieferte Holz, wurde für vollkommen genügend erachtet.

Carya alba (Nuttall.)

Syn: Juglans squamosa (Michaux.)
Juglans ovata (Miller.)
Weiße Hickory.   Shell bark oder Shag-Bark Hickory.

Eingeführt 1629. In Canada, Maine, Georgia, Nord = Alabama, westlich bis Nebraska, Kanſas, Arkanſas. Baum 70—80 Fuß hoch, 2—5 Fuß Durchmeſſer. Ziemlich anſpruchsvoll, gedeiht nicht auf armem Boden. Im allgemeinen kann man für alle Caryen ſagen, daß ſie dort fortkommen, wo Buchen und Eichen wachſen. Kommt nach Michaux auch auf weniger gutem Boden fort. Schwer verpflanzbar wegen der ſtarken Entwickelung der Pfahlwurzel in den erſten Jahren, deshalb möglichſt ein= oder zweijährig zu verſetzen, noch beſſer die Nüſſe gleich an den zukünftigen Standort zu legen. Holz ſehr ſchwer, ſtark, zäh, elaſtiſch, findet die ausgedehnteſte Verwendung zu landwirthſchaftlichen Geräthen, Wagen, namentlich zu feinen Rädern. Brennholz erſten Ranges. Nächſt der Nuß von Carya olivaeformis (Pecan nut) die wohl= ſchmeckendſte aller amerikaniſchen Nüſſe.

Carya amara (Nuttall.)

Juglans amara (Michaux.)
Bitter nut, Swamp (Sumpf), white Hickory.

Eingeführt 1800. Canada, Nördliches Vermont, ſüdlich bis Florida, weſtlich bis Kanſas, Nebraska und Texas. 60—70 Fuß hoher Baum. Holz im weſentlichen die Eigenſchaften des vorhergenannten. Nuß nicht eßbar.

Carya porcina (Nuttall.)

Syn: Juglans porcina (Michaux.)
Juglans glabra (Wangenheim.)
Juglans obcordata (Willdenow.)
Carya glabra (Torrey u. Gray.)
Pig nut (Schweinsnuß). Brown Hickory.

———

Eingeführt 1800. Von Canada bis südliches Florida, westlich bis Nebraska, Kansas und Texas. Schöner Baum von 70—80 Fuß Höhe, 3—4 Fuß Durchmesser. Gedeiht gut auf trockenem Boden. Holz vorzüglich.

———

Carya tomentosa (Nuttall.)

Juglans tomentosa (Michaux.)
Mocker nut (Bezirnuß). White heart Hickory (weißherzige Hickory).

———

Eingeführt ?   Canada, Neu England, südlich bis Florida, westlich bis Nebraska und Arkansas. Mittelgroßer Baum, — nach Emerson zu großen Bäumen heranwachsend, zeigt sich in Deutschland ebenfalls gutwüchsig. Gedeiht nach Michaux auch auf ärmeren Böden, findet sich seltener an Ufern der Ströme und auf überschwemmtem Boden. Holz ähnlich dem von Carya alba. Werthvolle eßbare Nuß.

———

Juglans nigra (Linné.)
Die schwarze Wallnuß.

———

Eingeführt 1629. Im südlichen Theil der Provinz Ontario, westliches Vermont, südlich bis Florida, westlich bis Nebraska, Kansas und östliches Texas, seltener im Osten, häufig in den Thälern des Mississippi und seiner Nebenflüsse, schönste Entwickelung in den Ohiostaaten und in Massachusetts, nach Emerson. 60—80 Fuß hoch, 3—4, nicht selten bis 6 Fuß Durchmesser.

Auch in Deutschland findet sich dieser Baum bis zu 100 jährigem Alter, in einem Falle wird sogar von einem 200 jährigen berichtet. Hundertjährig in Wörlitz, Bayern, Würtemberg, am Rhein, — Schlesien, Pommern, Hannover 60—80 jährig, Hohenzollern 100 jährig mit einem Durchmesser von über 1 m bei der für Laubhölzer sehr großen Höhe von 35 m. In den Anlagen zu Dyck am Rhein, zwischen 1805 bis 1816 gepflanzt, ist Juglans nigra in riesigen Dimensionen vertreten, circa 70 jährig in einer Höhe von 27 m.

In England und Schottland gleich günstige Entwickelung. In den Anlagen von Fulham Palace, der Residenz des Bischofs von London, findet sich ein 150 jähriger Baum mit 2 Fuß Durchmesser. In Syon House beim Herzoge von Northumberland 80 Fuß hoch bei 3 Fuß und aus Schottland werden 60 füßige mit 3 füßigem Durchmesser gemeldet.

Bei keiner Art möchte das Bedauern über die bisherige Vernachlässigung so groß sein, wie bei dieser, denn schon heute können wir mit Sicherheit sagen, daß sie auch hier ein Holz allerersten Ranges, wie in Amerika producirt, welches mit keinem unserer einheimischen zu vergleichen ist. Hier geschlagene nur 50 jährige Stämme, mit einem Durchmesser von 17 Zoll, waren 40 Fuß hoch, und das Holz, polirt, von der schönsten dunkelbraunen Färbung. Der enorme Verbrauch in Amerika hat die schwarze Wallnuß dort bereits zu einem raren Artikel gemacht, der Mangel fängt an sich fühlbar zu machen und mit großem Nutzen könnte ein so kostbares Holz von Deutschland irgendwohin exportirt werden können. Was ich bei den Hickorias sagte, kann auch in Bezug auf den Anbau von der schwarzen Wallnuß gesagt werden. Wo

Eiche und Buche gedeiht, wird auch in den meisten Fällen Juglans nigra erfolgreich angebaut werden.

Das Holz, welches wirthschaftlich in Amerika mit den ersten Rang einnimmt, (nach Professor Sargent werden dreiviertel aller besseren Möbel in Nordamerika von diesem Holze angefertigt), zeichnet sich polirt durch seine prächtige braunschwarze Farbe aus, es läßt sich leicht bearbeiten, ist zäh, hart, stark, sehr dauerhaft und leicht, und wird zu den feinsten Tischlerarbeiten, Boiserien, Mobilien u. s. w. in ausgedehntester Weise mehr als irgend ein anderes Holz benutzt, — namentlich aber liefert es die besten Gewehrkolben, — Stücke 3—5 Fuß lang und 2 Fuß breit zeigten die großartigste Masernbildung (cfr. Göppert, Botanische Gärten und Institute). Wo es früher in Amerika reichlich vorhanden, verwandte man es wie Hickory. Pfosten von Juglans nigra hielten mehr als 25 Jahre.

Es ist unübertrefflich für seine Eleganz und Dauerhaftigkeit. Nach englischen Berichten wird die amerikanische nicht wie die deutsche Wallnuß vom Holzwurm angegriffen.

Sie ist in Bezug ihrer Widerstandsfähigkeit gegen Frost gar nicht mit unserer Wallnuß zu vergleichen, niemals haben wir die bei dieser vorkommenden Beschädigungen beobachtet, das schlimmste, was ihr zuweilen zustößt, ist das Erfrieren der jungen Spitzen, was auf die fernere Entwickelung ohne allen Einfluß bleibt, während es überall schwierig ist, einen jungen Baum der deutschen Wallnuß hier aufzuziehen, da meistens die ganzen Stämme Frostrisse von oben bis unten bekommen, und alte Bäume theilweise ihre halben Kronen verlieren. Es ist dieses ganz natürlich, da die Heimath der Juglans regia, der Orient, wesentlich wärmer als ein großer Theil des Verbreitungsgebietes der schwarzen Wallnuß ist, es muß auf diese wesentliche Verschiedenheit immer und immer wieder hingewiesen werden, da man immer noch geneigt ist, die deutsche mit der amerikanischen Wallnuß auf eine gleiche Stufe hinsichtlich ihrer Widerstandsfähigkeit zu stellen.

Acer dasycarpum (Ehrhart.)

Acer eriocarpum (Michaux).
Acer floridanum (hort.)
Weißer Ahorn.

———

Eingeführt 1721—1730. Nördliches Vermont, südlich bis Floriba, westlich bis Minnesota, östliches Nebraska und Indian Territory, am häufigsten westlich der Alleghany=Berge. Ein großer Baum bis 80 Fuß raschwachsend, sehr genügsam, auf nassem wie auf trockenem Boden, unter mancherlei verschiedenen Verhältnissen gleich günstig sich entwickelnd. Diese Akkomodation und Genügsamkeit lassen seine Cultur für manche Oertlichkeiten passend erscheinen, das Holz allein, welches vor unseren einheimischen Arten keine besonderen Vorzüge haben dürfte, würde ihm diesen Platz nicht anweisen.

In alten Einzelbäumen überall in Deutschland verbreitet und wegen seiner schönen Belaubung bekannt.

———

Acer californicum (Torrey u. Gray.)

(Acer Negundo californicum.)

———

Eingeführt 1850? Californien, nördliche Verbreitung bisher nicht festgestellt. Sowohl über seine Entwickelung in Amerika, über sein Vor= kommen und über sein waldbauliches Verhalten sind die Berichte sehr dürftig, dagegen empfehlen ihn sein außerordentliches Wachsthum in der Jugend auf mäßigem Boden zu Versuchen.

———

Acer saccharinum (Wangenheim.)

Acer nigrum (Michaux.)
Zuckerahorn. Rock Maple (Felsahorn).

———

Eingeführt 1735. Fast überall in Amerika verbreitet. Baum 60—80 Fuß hoch und höher mit einem Durchmesser von 2—4 Fuß.

Vielfach künstlich angebaut, da, wie man häufig lesen kann, Niemand gern eine Farm nimmt, ohne daß ein Theil der Pflanzung aus Zuckerahorn besteht, aus dessen Saft man im Frühjahr große Quantitäten ausgezeichneten Zuckers gewinnt. Aber auch das Holz ist von großem Werthe, fest und hart, nimmt eine ausgezeichnete Politur an, und wird vorzugsweise zu Mobilien, Boiserien und innerer Ausschmückung der Häuser verwendet; kein amerikanisches Holz ist schöner und zeichnet sich durch mannigfaltigere Färbung und Glanz aus. Es sind dieses oft zufällige Formen, welche durch Boden und Standortsverhältnisse entstehen mögen, bei denen eine Verdrehung der Faser stattfindet, unter dem Namen „curled maple" und „birds eye maple" im Handel vorkommen und wegen ihrer außerordentlichen Schönheit hoch im Werthe stehen. Zur Verwendung beim Schiffbau sehr geschätzt. Emerson läßt sich von einem Schiffbauer in Maine berichten, daß der Rock Maple wegen des festen Zusammenhanges der Holzfaser, welche in unregelmäßigen (zig zag) Linien liegen, sich so ineinander verflechten, daß sie kaum zu spalten sind, und daß es kein andes Holz gäbe, die weiße Eiche nicht ausgeschlossen, für derartige Zwecke beim Schiffsbau.

In Deutschland überall in einzelnen Exemplaren vorkommend bis zu hundertjährigen Bäumen, vollkommen aushaltend und auf manchen Bodenarten, die sehr verschieden von einander sind, vortrefflich gedeihend.

Auch bei dieser Art kann die Bemerkung nicht unterdrückt werden, warum 150 Jahre haben vergehen müssen, ohne daß man es der Mühe werth gehalten hat, diesen Baum näher zu betrachten. Wangenheim in seinem früher besprochenen Buche sagt vor 100 Jahren:

„Aus verschiedenen Ursachen wird der wilde Anbau des Zuckerahorns für teutsche Forsten nutzbar werden, weil er die kalten und rauhen Gegenden liebt, ein feineres und besseres Nutzholz als unsere einheimische weiße Ahorne (Acer pseudoplatanus) und die Lenne (Acer platanoides

Spitzahorn) giebt, auch mit einem mittelmäßigen Boden vorlieb nimmt; hierzu kommt noch, daß sein Wuchs sehr schnell ist, daß er daher nicht allein zu Baumholz, sondern auch sehr vortheilhaft zu Schlagholz ge= nutzt werden kann, und eine derjenigen vortrefflichen Holzarten abgiebt, die in kurzen Jahren viel Holz liefert . . ."

Heute nach 100 Jahren wissen wir auch noch nicht mehr, und befinden uns hinsichtlich der Zuckergewinnung ganz im Dunkeln, wir haben nichts näheres über systematische Untersuchungen und Versuche nach dieser Richtung finden können, und geben daher in Nachstehendem einen kurzen Bericht über diese Angelegenheit.

Es muß ausdrücklich bemerkt werden, daß es dabei, wie auch am Schlusse des Nachfolgenden gesagt wird, weniger einen neuen Handels= artikel betrifft, als daß der Hausindustrie sich vielleicht eine neue Ein= nahmequelle eröffnen könnte.

Der Bericht lautet: „Ich habe auf der Farm eines Holländers in der Nähe von Haysville denjenigen Theil des Waldes untersucht, wo der Ahorn angezapft und der gesammelte Saft zu Zucker eingesotten wurde, über deren Details ich nachstehend berichte.

Ein sehr interessanter physiologischer Punkt, welcher mit der Ge= winnung des Ahornzuckers zusammenhängt, ist die Veränderlichkeit des Saftflusses, abhängig von dem täglichen Witterungswechsel. Die ganze Lebenskraft der alten starken Bäume wird augenscheinlich durch den ge= ringfügigsten Temperaturwechsel und die Gegensätze von Wärme und Kälte geregelt. Die Schwankungen in der täglichen Entwickelung der Vegetation im Frühjahr, dem Auge oft kaum wahrnehmbar, reguliren dennoch den Säftezufluß auf's genaueste.

Das Aufsteigen des süßen Saftes folgt unmittelbar nach eingetre= tenem Thauwetter von Mitte bis Ende Februar, und hält den Monat März an bis in die ersten Tage des April, jedoch schwankend nach ver= schiedenen Lagen und Zeiten. Ein kalter Nordwestwind mit abwechselnd frostigen Nächten und sonnigen Tagen bewirkt Saftzufluß, der am Tage reichlicher erscheint als in der Nacht. Er ist jedoch so empfindlich gegen ungünstigen Witterungswechsel, daß selbst nach einem Resultat von 3 Gallonen in einem Tage und von einem Baume, der Zufluß in wenigen Stunden plötzlich ganz aufhören kann, um sich erst dann nach und nach wieder einzustellen.

Aus Obigem ist zu ersehen, daß der Saftgewinn von Tag zu Tag sehr ungewiß ist, und daß es schwer ist, statistische Produktionstabellen aufzustellen. Beständiges, für den Saftzufluß passendes Wetter giebt

am meisten Quantität, steigt und fällt das tägliche Quantum, so redu=
cirt sich der Totalgewinn in der Saison.

Die Zeit, wann der Saftzufluß erscheint, ist verschieden, nicht nur
in der Jahreszeit, sondern er ist ebenfalls bedingt durch den Standort
des Baumes und durch die Bewegungen des Terrains, und macht sich
am frühesten in warmen niedrigen Lagen bemerkbar. Man sagt, daß
eine thaureiche Nacht den Zufluß befördert und ein Südwind oder das
Auftreten eine Sturmes denselben unterdrückt; die Bäume sind hinsicht=
lich ihrer Lage und klimatischen Veränderung so empfindlich, daß der
Saftzufluß an demselben Baume an der Süd und Ostseite früher be=
merkt wurde, als an der Nord= und Westseite. Es giebt gewöhnlich
zehn bis fünfzehn gute „Safttage“ in der Saison, welche ungefähr
6 Wochen anhält, nachdem sich jedoch die Blätter entwickeln, reducirt
sich der Zuckergehalt im Safte und man nennt denselben „sauer“, der
Zufluß dauert jedoch noch in beschränkter Weise fort.

Emerson in seinem Werk: „Trees of Massachusetts“ bezieht
sich auf Michaux's Beobachtungen und behauptet, daß die Quantität
des gewonnenen Zuckers von dem Wetter des vorhergehenden Sommers
abhängig ist, und daß ein fruchtbarer Sommer die Bäume für eine
reiche Zuckerernte im nächsten Frühling vorbereitet. Man nimmt an,
daß durch milde Winter der Saft am süßesten wird und daß durch häufige
Abwechslung von Frost und Thauwetter derselbe am reichlichsten fließt
und von bester Qualität wird. Der Saft isolirt stehender Bäume ist
reicher an Zuckergehalt als derjenige des geschlossenen Bestandes.

Im Ahornhain zu Haysville ergaben 6 Gallonen 1 Pfund Zucker;
im Durchschnitt erhält man von 4½—5 Gallonen ein Pfund. Emer=
son jedoch erzählt Beispiele, wo 3 Gallonen ein Pfund Zucker ergaben.
Hinsichtlich der Produktion eines einzelnen Baumes in einer guten Saison
kann man als Durchschnitt annehmen, daß ein Baum 3 Gallonen in
einem Tage liefert, gelegentlich mehr, und giebt ungefähr 4 Pfd. Zucker
in der Saison; Emerson giebt Beispiele an, wo ein einzelner Baum
10, 20, 33 und 43 Pfund Zucker lieferte.

Junge Bäume unter 25 Jahren werden selten angezapft, weil es
sich kaum der damit verbundenen Mühe lohnt, abgesehen davon, daß
man dieselben schwächt und in ihrem Wachsthum stört. Die wiederholte
Anzapfung reifer Bäume schadet diesen augenscheinlich nicht. Emerson
erinnert an Beispiele, wo Bäume 40 Jahre hindurch jedes Jahr ange=
zapft wurden, ohne Schaden zu leiden, und man sagt, daß Qualität und
Quantität des Saftes sich nach der ersten Anzapfung sichtlich verbesserte.

Die Bäume werden gewöhnlich 3—4 Fuß vom Boden mittelst

³/₄zölligen Bohrers 2—6 Zoll angebohrt, in die so erhaltenen Löcher bringt man Röhren, welche den Saft in die Sammelgefäße leiten, oder man macht einen 1½ Zoll tiefen Einschnitt mit der Axt. Die Bäume erhalten 1—3 Anbohrungen, dieselben müssen jedes Jahr an frischen Stellen erneuert werden, gewöhnlich an der den letzten Bohrlöchern entgegengesetzten Seite des Baumes. Den Saft läßt man in eisernen Pfannen oder Kessel von 6 Fuß Länge, 2½ Fuß Breite und 8 Fuß Tiefe verdunsten; kupferne Pfannen werden den eisernen vorgezogen, weil man in den ersteren einen weißeren Zucker gewinnen zu können glaubt. Man sorgt dafür, daß die Pfannen während der Verdunstung immer mit frischem Saft gefüllt werden, bis der Syrup die genügende Consistenz erhält, welche sich dadurch zeigt, daß derselbe, wenn man ihn in kaltes Wasser tropfen läßt, crystallisirt. Dem Syrup wird während der Verdunstung ein kleiner Zusatz von Kalk oder Soda ge= geben, um irgend welche anwesende freie Säure zu neutralisiren, des= gleichen giebt man ein wenig Eiweiß oder Milch dazu, um das Ganze zu klären. Nach dem Reinigen und Abschäumen gießt man den Syrup in Pfannen oder Mulden und läßt denselben crystallisiren, weiter kann man ihn klären durch vorsichtiges Kochen in einem Kessel, welcher nahe am Boden mit einem Hahn versehen, durch welchen die zu Boden sinkende Molasse abgelassen wird, sobald der Zucker crystallisirt.

Der Ahornzucker ist kein eigentlicher Handelsartikel, sondern viel= mehr zum Verbrauch im Haushalte des Producenten, und die große Masse, welche da consumirt wird, wo man ihn gewinnt, ist schwer genau anzugeben, ebensowenig ist die totale Production festzustellen.

Emerson giebt an, daß in Massachusetts allein zwischen 500,000 und 600,000 Pfund Ahornzucker jährlich producirt werden zu einem Werth von 8 Cents pro Pfd. (1 Cent = 4¼ Pf.) Im Jahre 1874 stieg der Preis von 10 auf 22 Cents pro Pfund. 1877 im Anfang April galt der Ahornzucker in Canada 10—11 Cents pro Pfund, unge= fähr der Preis des besten Rohrzuckers.

Eine beträchtliche Menge Ahornsaft wird nur bis zur Syrupdicke eingesotten und als solcher zu süßen Saucen und sonstigen culinarischen Zwecken gebraucht.

Man sagt, die Ahornzuckerproduction soll in der Zunahme begriffen sein und wenn diese Industrie in wohlgeordneten Faktoreien centralisirt werden könnte, ähnlich wie die Käse= und Butterfaktoreien, dürfte der Ahornzucker unzweifelhaft mit dem Rohrzucker concurriren.

Quercus rubra (Linné.)
Rotheiche.

———

Eingeführt 1740. Großer Baum. Unter allen nordamerikanischen die am meisten verbreitete und am höchsten nach Norden vordringende Art. Sehr verschieden in der Entwickelung, sowie in der Qualität des Holzes je nach Boden und Standort. Vielfach in Deutschland bis zu 120jährigen Bäumen, auch in kleineren Beständen zu finden, unter ersteren sind namentlich einige 90jährige in Tegel zu nennen, als Reste der Anbauversuche des alten Burgsdorff, ein lebendes Denkmal für ihn und seine Gegner.

Die Ursache, sagt Wangenheim, warum ich diese rothe Eiche als eine in Deutschland nützlich anzubauende Holzart vorschlage, besteht darin, weil sie sich für unseren kalten Himmelsstrich schickt, weil sie einen sehr schnellen Wuchs in wenig Jahren hat, weil sie nur mit einem mittelmäßigem Boden vorlieb nimmt, weil ihr Holz zu mancherlei Verbrauch angewendet werden kann, und weil endlich bei ihrer Anpflanzung der für die meisten Menschen so schmeichelhafte Fall eintritt, daß der Pflanzer sie selbst, wenn auch nicht zu Nutzholz, doch wenigstens zu Bau= und Brennholz abtreiben kann.

Trotz der mancherlei Erfahrungen läßt sich über den Werth des Holzes bei uns noch immer nichts Positives feststellen. Selbst amerikanische Autoritäten urtheilen sehr verschieden; Standort und Boden lassen das Holz im Osten Amerika's nur zu Böttcherarbeiten, in anderen Theilen ganz allgemein als Nutzholz und für alle anderen Zwecke verwendbar erscheinen. Die Hauptschuld an diesen durchaus verschiedenen Urtheilen liegt indessen an der großen Verwirrung der Namen, welche bei diesen Arten (Q. rubra, palustris und coccinea) allgemein ist. Daher kommt es auch, daß eine oder die andere derselben einen besseren Ruf hat wie sie verdient. Als Beispiel führe ich folgendes an. In der Chronik*) für 1881 finde ich die Bememerkung:

„Ueber die technischen Eigenschaften der Quercus palustris, deren Holz durch den Grafen Spee in verschiedenen Stärken und Bear=

———
*) Chronik des deutschen Forstwesens. VI. Jahrgang. 1881. Seite 104.

beitungen aus seinen bei Düsseldorf gelegenen Waldungen auf der dortigen Industrie-Ausstellung 1880 ausgestellt wurde, sind an der Poppelsdorfer Akademie unter stetem Vergleich mit dem Holze der auf gleichem Standort erwachsenen Quercus pedunculata Untersuchungen angestellt, welche trotz des erheblich schnelleren Wuchses der ersteren sehr ähnliche Resultate im specifischen Gewicht, der Elasticität und Brennkraft ergaben.

Der Anbau dieser Eichenart in gemischten Beständen ist deshalb wegen ihrer, die einheimischen Eichen erheblich übertreffenden Massenerzeugung auf Standorten, welche der Stieleiche zusagen, sehr zu empfehlen."

Betula lenta (Linné,)

B. carpinifolia (Ehrh.)
Cherry Birch. Black Birch. Sweet Birch. Mahogany Birch.

Eingeführt 1759. Baum mittlerer Größe. Neu Schottland, Canada, allenthalben in den nördlichen Staaten, westlich bis Illinois, südlich bis Georgia. Zieht frischen feuchten Boden vor, an Bergabhängen und an den Ufern der Ströme wird sie oft 60—70 Fuß hoch. Holz röthlich, läßt sich leicht bearbeiten, ist stark, fest und dauerhaft, nimmt eine brillante Politur an, wird vielfach in der feinen Möbeltischlerei und in den Künsten benutzt. Als Brennholz von keiner übertroffen. Nach amerikanischen Autoren ist diese Birke wegen der nützlichen Eigenschaften ihres Holzes die werthvollste unter allen Birken.

Populus monilifera (Aiton.)

Populus canadensis (Michaux.)
Gemeine canadische Pappel.

Eingeführt 1772. Großer Baum, 80—100 Fuß hoch bei einem Durchmesser von 4—8 Fuß. Sehr verbreitet in Nordamerika, an Flüssen und Seen in tiefgründigem feuchten Boden. Die männliche und weibliche Form sind sehr von einander abweichend und werden daher häufig für zwei verschiedene Species gehalten, wie auch schon Michaux gethan hat. Findet sich ebenfalls bei uns in mächtigen Exemplaren im von Hake'schen Garten in Ohr bei Hameln an der Weser mit einem Stammdurchmesser von ca. 7 Fuß!, ganz colossale Stämme in Harbke und an anderen Orten. Ein gesuchtes Nutzholz für leichte Kisten, zur Schwefelholzfabrikation und für viele Zwecke*), daher erklärt sich der oft sehr hohe Preis, der dafür erzielt wird. Aus einem Artikel der „Revue des eaux et forêts" bringen wir nachstehende amtliche Mittheilung: In der Forstinspektion Lille (Nordfrankreich) beträgt nach dem Berichte des Inspectors Cayet, der jährliche Ertrag innerhalb und außerhalb des Waldes ungefähr 13,000 Raummmeter Nutzholz und 325,000 Reisigbündel, zum Gesammtwerth von 468,000 Franken. Man hat diese Pappeln dort genau beobachtet und gefunden, daß die männliche canadensis viel schneller wächst und viel größer wird als die weibliche — die Rinde der jungen Zweige ist röthlich bei den männlichen und gelblich bei den weiblichen. Das Zurückbleiben im Wachsthum bei letzteren und die sonstigen Verschiedenheiten machen die häufigen Verwechselungen erklärlich.

Populus serotina (Th. Hartig.)
Späte canadische Pappel.

Eine außerordentlich raschwachsende Pappel, später austreibend als die vorhergehenden, in der Umgegend von Braunschweig vielfach angebaut.

---

*) Burckhardt, Säen und Pflanzen. 5. Auflage. 1880. Seite 467/8.

Einige Arten,

welche vorläufig bei den amtlichen Versuchen unberücksichtigt bleiben.

Der Forstmeister Weise sagt in seiner „Chronik des deutschen Forstwesens im Jahre 1881" über die Culturversuche mit ausländischen Holzarten . . . . „Die Centralisation der Versuche erreicht aber unter allen Umständen den Vortheil, daß die Resultate festgestellt werden und nicht fernerhin ein Jeder für sich und von Neuem experimentirt. Und nach dieser Richtung hin ist es zu bedauern, daß die Zahl der Holzarten nicht noch weiter hat gefaßt werden können." Wenn ich auch einerseits mit dieser Auffassung durchaus einverstanden bin, so muß doch andererseits gesagt werden, daß es richtig war, die Zahl der Arten nicht gleich von Anfang an zu hoch zu greifen. Bei der Neuheit der Frage hätte man durch die Menge fremder Arten verwirrend auf die einzelnen Versuchsstationen gewirkt. Hat man erst einige wenige Jahre erfolgreich diese Anzuchten ausgeführt, wie solches erfreulicherweise schon von manchen in Kurzem wird berichtet werden können, so bedarf es, falls man solches wünschenswerth halten sollte, nur eines neuen Beschlusses des Vereins deutscher forstlicher Versuchs= anstalten, um weitere neue Arten in den Bereich der Versuche aufzu= nehmen, und dem Leiter der einzelnen Station wird die Einfügung jener in den bereits vorhandenem Rahmen dieses Zweiges seiner Thätig= keit keine weitere Schwierigkeiten verursachen.

Daß die ganze Zahl der eventuell zu berücksichtigenden Arten, hätte man sie auf einmal den Versuchsstationen zuertheilt, erdrückend gewirkt haben würde, scheint mir zweifellos zu sein. Außer den jetzt bereits festgestellten 23 amerikanischen Arten, werden, sobald die schwierige Frage der Samenbeschaffung erledigt sein wird, noch neun japanische hinzukommen; dazu ferner die nachfolgenden sechs amerika= nischen, sodaß die Gesammtzahl, mit denen eventuell systematische Ver= suche angestellt werden, sich dann auf ungefähr vierzig Arten belaufen dürfte.

Zum Schluß gebe ich noch eine kurze Beschreibung über einige mehr oder minder werthvolle nordamerikanische Arten, mit denen einst= weilen noch keine amtlichen Versuche angestellt werden.

Catalpa speciosa (Warder.)
Westliche Catalpa.

———

Bis vor wenigen Jahren hat man diesen Baum identisch mit der Catalpa bignoniodes (Walter) syn: Bignonia Catalpa oder Catâlpa syringaefolia gehalten, welche bereits zwischen 1720—30 von Amerika eingeführt wurde. Man findet sie bei uns nicht häufig, denn unseren Wintern gegenüber erweist sie sich nicht widerstandsfähig genug, an passenden Standorten kommt sie leidlich fort. In Süddeutschland trifft man sie in stattlichen Exemplaren, deren schöne Blüthe und Belaubung den Baum auszeichnen.

Ungefähr ums Jahr 1825 wurde die Catalpa speciosa von dem damaligen Gouverneur des nordwestlichen Indiana, General Harrison, auf's wärmste zum Anbau empfohlen; er hatte die werthvollen Eigenschaften in Vincennes, Ind., wo er früher jahrelang als Gouverneur residirt, kennen gelernt. Die östliche Art scheint ihm ganz unbekannt gewesen zu sein, wie denn auch sämmtliche Botaniker diese westliche für ein und dieselbe Art mit der östlichen gehalten haben. Michaux hat im vorigen Jahrhundert die vorzüglichen Eigenschaften des Holzes gekannt, aber weder er, noch andere Botaniker, selbst dem genau beobachtenden Nuttall ist es aufgefallen, daß dieses eine andere Art als die östliche sein könne. Als man vor etlichen 30 Jahren den Unterschied zwischen diesen beiden zu bemerken anfing, glaubte man noch immer, es mit einer Varietät zu thun zu haben, man hatte beobachtet, daß sie einige Wochen früher blühete, und die Blüthen verschieden seien, weitere Untersuchungen haben indessen ergeben, daß man es mit einer ganz neuen Art zu thun habe, die namentlich eine große Verschiedenheit betreffs ihrer Widerstandsfähigkeit gegen Winterkälte zeigte, und im Jahre 1853 wurde sie von Dr. John Warder als Catalpa speciosa beschrieben.

Inzwischen hat man nun gefunden, daß, abgesehen von anderen Unterscheidungsmerkmalen, das Verbreitungsgebiet der Catalpa speciosa ein anderes sei, als das der östlichen Catalpa, denn während die erstere über den 43.° n. B. hinausgeht und selbst im kalten Jowa und Nebraska noch vollkommen hart ist, wird die letztere keinenfalls über dem

40.° n. B. hinaus gefunden; in Nebraska, Wisconsin und Massachusetts leidet sie allenthalben mehr oder weniger vom Frost. Catalpa speciosa kommt auf trockenem, sandigem Boden in Michigan, am Michiganfee und in der nordöstlichen Ecke von Illinois, in Nebraska, im östlichen Jowa u. s. w. vortrefflich gedeihend vor, wo die östliche Form zu Grunde geht.

Unter den vorgenannten Oertlichkeiten befinden sich solche mit einer viel größeren Winterkälte, als sie je in Deutschland vorkommt. Michaur berichtet in seinem berühmten Buche, daß die Indianer vom Stamme der Shawnees bereits in den frühesten Zeiten die französischen Ansiedler in Indiana am Wabashflusse auf die werthvollen Eigenschaften dieses Holzes aufmerksam gemacht haben; die Franzosen nannten das Holz „bois chavanon", und zweihundert Jahre haben darüber hingehen müssen, wie Dr. J. Warder, Präsident der American Forestry Association in einem Briefe sagt, daß diese vortrefflichen Eigenschaften zur Kenntniß des intelligenten Amerikaners gelangt sind. Selbst mit ihren unvollkommenen Werkzeugen konnten die Ureinwohner das Holz leicht bearbeiten. Besonders schätzten sie es zum Bau ihrer Canoes, da die Stärke, verbunden mit Leichtigkeit, sie in den Stand setzten, diese Fahrzeuge von einem Strom zum andern zu tragen. Die Franzosen haben die Catalpa in jenen Zeiten bei ihren Ansiedelungen reichlich benutzt, überall da, wo Stärke, Dauerhaftigkeit und Leichtigkeit gefordert wurde. Aber auch für die innere Einrichtung ihrer Häuser, sagt Dr. Warder, ist es sehr werthvoll, da man es hinsichtlich seiner Farbe und Maserung den schönsten amerikanischen Hölzern an die Seite stellen kann. Die Nachrichten über die Dauerhaftigkeit des Catalpa-Holzes grenzen an's Unglaubliche, aber vielfache Zeugnisse von über allen Zweifeln erhabenen Autoritäten bestätigen dennoch jene Angaben nach allen Richtungen, und so mögen denn auch hier einige derselben ihren Platz finden.

Bei der außerordentlichen Raschwüchsigkeit und dem fast gänzlichen Mangel an Splint, kann man das Holz der Catalpa schon in wenigen Jahren benutzen und findet es seine Hauptverwendung für Eisenbahnschwellen. Ein Baum von 25—30 Jahren giebt 4—5 Schwellen. Zeugnisse von Eisenbahninspektoren bestätigen, daß man dieses Holz sehr ökonomisch bearbeiten kann, indem man z. B. ein 12zölliges Stück, statt es ganz als Schwelle zu benutzen, es in 2 Stücke schneidet, und die Schienen auf den Durchschnitt, als der größten Breite des Stammes, legt, ihr also eine breitere Unterlage giebt, als wenn man den Stamm ungetheilt benutzt hätte, wo man die Schiene auf die Seite der Peripherie gelegt haben würde. Natürlich ist bei diesen geringen Dimensionen die ganz besondere Festigkeit und Dauerhaftigkeit des Holzes die Voraussetzung. Wegen der geringen Menge von Splint kann man schon ganz junge Bäume zu Rebpfählen und Einfriedigungen, welche eine Reihe von Jahren dauern, benutzen.

Die Holzfaser scheint der Zerstörung in einer wunderbaren Weise Widerstand leisten zu können. Bäume, welche 100 Jahr und mehr auf dem Erdboden lagerten, oder als Uebergänge über Gräben ebenso lange, seit Generationen benutzt worden sind, haben sich völlig gesund gezeigt, und wenn gesägt, findet sich keine Spur von Zerstörung, auch nimmt das Holz noch eine gute Politur an. Pfosten, welche nachweislich bis 80 Jahr und länger gestanden haben, sind aufgenommen und als ganz gesund befunden worden. Die wunderbaren Geschichten der Reisenden, welche oft unglaublich klangen, sind durch glaubhafte Zeugen, welche man an Ort und Stelle sandte, um die Sache zu untersuchen, als richtig bestätigt worden. Bei Neu-Madrid (Kentucky) wurde ein Wald bei dem Erdbeben im Jahre 1811 überschwemmt. Heute noch stehen die todten Catalpastämme da, aber nur sie allein, denn alle anderen Hölzer jenes Waldes sind längst verschwunden.

W. R. Arthur, Oberinspektor der Illinois-Central-Eisenbahn, bestätigt, Fences und Pfortenpfeiler von diesem Holze, welche 46 Jahre in der Erde gestanden hatten, aufgenommen und untersucht, und sie so gesund wie am ersten Tage, als sie gesetzt wurden, gefunden zu haben, das Holz ist nahezu unverwüstlich; kleine Stöcke von nur zweijährigen Pflanzen als Erbsenbusch, Jahr um Jahr gebraucht, zeigt keine Spur von Verfall. Colonel Decker in Indiana untersuchte einen 1780 gesetzten Pfeiler, der 1871, also nach 90 Jahren ganz gesund gefunden wurde. Ebenso erzählt Major Powell von einem Catalpa Fenz, den sein Vater 1770 errichtet und den er nach 75 Jahren, 1845, ganz gesund befunden und anderweitig wieder verwandte. J. M. Bucklin, Civilingenieur, besuchte mit Governor Davidson und anderen, Vincennes, Illinois um Informationen wegen der Dauerhaftigkeit der in den frühesten französischen Ansiedelungen verwandten Catalpa-Hölzer für Brücken u. s. w. einzuholen, und fanden sie alles, was darüber berichtet war, bestätigt.

Oberinspektor D. Axtell von der St. Louis und Jron Mountain Eisenbahn sagt: In Bezug auf die Dauerhaftigkeit des Catalpaholzes kann man nicht genug rühmliches erwähnen: Schwellen 20 Jahre in der Erde, sind stets so gesund wie am ersten Tage und niemals findet man Stämme, welche in Fäulniß übergegangen wären. In Ohio haben

Eisenbahnschwellen elf Jahre ganz gesund gelegen, während man zum Vergleich dazwischen gelegte Eichenschwellen in dieser Zeit zweimal erneuern mußte. Man hat die Bemerkung gemacht, daß sie länger dauern auf feuchtem als auf trockenem Boden. Ein Bericht des Dr. Warder sagt: Der dauernde Werth der Catalpa für Amerika kann nicht überschätzt werden. Die Bäume, welche auf die baumlosen Prairien von Kansas, Jowa und Nebraska verpflanzt wurden, Versuche, welche einige Eisenbahn-Compagnien, die Kansas City, Fort Scott, Golf Rail Road und andere in ausgedehntem Maßstabe ausgeführt haben, haben bewiesen, daß die Art sowohl die größte tropische Hitze des Sommers ohne einen Tropfen Regen, als auch die härtesten Winter, welche wir seit einer Reihe von Jahren gehabt haben, erfolgreich ertragen kann; für den Pionier des Westens kann es, wenn er einen Baum pflanzen will, der ihm noch zu seinen Lebzeiten Ertrag bringen soll, nichts einträglicheres und besseres als Catalpa speciosa geben: ein prachtvoller Schattenbaum, schnellwüchsig und werthvoll als Waldbaum für die baumlosen Flächen des Westens.

Die hier gemachten Erfahrungen des thatsächlich erst seit 2—3 Jahren zu uns gekommenen Baumes sind äußerst geringe. Im allgemeinen kann nur gesagt werden, daß er unsere Winter vollständig aushalten muß, da er in Amerika, namentlich in Michigan, wo 25° R. nichts seltenes ist, vollkommen winterhart ist. Ein sehr nützlicher Baum, dessen Einbürgerung sehr wünschenswerth. Holzproben zeigen eine feine graue Färbung, schöne Maserung und nimmt es eine schöne Politur an. In einem Briefe des Professor Sargent heißt es: Ich habe eine hohe Meinung von Catalpa speciosa, sie wächst sehr schnell und ist das Holz fast unzerstörbar, sobald es in die Erde kommt. Ich bezweifle, ob es seines Gleichen hat in der Verwendung für Eisenbahnschwellen, Pfosten und zu Hopfen- und Rebpfählen. Die geographische Verbreitung ist derart, daß ich die Hoffnung habe, daß sie in Deutschland fortkommen wird.

Liriodendron tulipifera (Linné.)

Der Tulpenbaum, eingeführt 1663. Großes Verbreitungsgebiet in Canada, im Staate New-York und Pennsylvanien, Vermont. Großer Baum, 70—100 Fuß hoch, im westlichen Canada bis 140 Fuß, bei einem Stammdurchmesser von 4—7 Fuß, — einer der größten und werthvollsten Bäume der atlantischen Wälder. Das Holz unter dem Namen „white wood" (auch yellow poplar) findet die ausgedehnteste Verwendung, namentlich für den inneren Ausbau der Häuser; wegen seiner Biegsamkeit vielfach benutzt zu Treppen, für Wagen, Möbel u. s. w. Forstrath Professor Dr. Vonhausen in Karlsruhe sagt*) . . Endlich will ich den schon vor vielen Jahren zum Anbau vorgeschlagenen Tulpen= baum wieder in Erinnerung bringen. Daß man dem durch Belaubung und Blüthen so schönen Baum selbst als Alleebaum so selten begegnet, mag wohl darin seinen Grund haben, daß er zu wenig gekannt ist und für einen zärtlichen und wenig widerstandsfähigen Baum gehalten wird, wozu sein Name wohl viel beigetragen haben mag. Auch ich habe ihn lange dafür gehalten und bei seiner Anzucht mit einer ganz unnöthigen Sorgfalt behandelt. Im Winter 1879/80 stellte sich aber heraus, daß er gegen Kälte ganz unempfindlich ist, indem er von der einjährigen Pflanze im Saatbeet bis zum starken Alleebaum hinauf von Frostbe= schädigung gänzlich verschont blieb. Ebenso leidet er auch nicht trotz seines frühen Ausschlagens im Frühjahr von Spätfrösten. Neben dieser großen Ausdauer ist er sturmfest, erhebt mäßige Ansprüche an die Bo= denkraft, die er bessern hilft, übertrifft an Schnellwüchsigkeit die Eiche und Buche und erstarkt zu einem großen Baum. Sein Holz ist, abge= sehen von dem gelblich=weißen Splint, grünlich braun, mittelschwer und nimmt eine prachtvolle Politur an, die es zu Möbeln sehr geschätzt macht. Dieser Baum verdient daher nicht allein zur Hebung der Schön= heit des Waldes, sondern auch seiner Nutzbarkeit halber angebaut zu werden" . . . .

In demselben Artikel sagt der Verfasser des Vorstehenden: Des= gleichen sollte der Platanus occidentalis von Seiten der Forstwirthe mehr Aufmerksamkeit geschenkt werden. Sie stellen mäßige Ansprüche an die Bodenkraft, sind schnellwüchsig, tragen durch ihren starken Laubabwurf zur Bodenbesserung bei, besitzen ein weißes, schweres, dem Ahorn ähn=

*) Allgemeine Forst= und Jagdzeitung. 9. Heft. 1881.

liches Holz, welches das buchene an Brenngüte übertrifft und als Nutz=
holz geschätzt ist, merkwürdigerweise aber lange verkannt wurde."

Ich schließe mich diesen Urtheilen über die Platane an; hier ge=
schlagene 50—60jährige Stämme hatten einen Durchmesser von ca 2 Fuß,
waren sehr vollholzig, das Holz sehr schwer und weiß. Wenn ich sie
trotzdem nicht mit unter die Versuchspflanzen aufgenommen habe, so hat
das darin seinen Grund, daß der amtliche Catalog über amerikanische
Waldbäume von Professor Sargent das Holz nicht so günstig be=
urtheilt und auch andere amerikanische Zeugnisse ähnlich lauten.

Quercus alba (Linné.)

Diese werthvollste aller amerikanischen Eichen, die unter allen nord=
amerikanischen Hölzern eines der besten liefert, erhielt auf der Versamm=
lung in Baden=Baden nicht die nöthige Stimmenanzahl und wurde von
den Versuchen ausgeschlossen. Daß wir sie bisher fast nirgends in
größeren Exemplaren finden, und vielen Klagen über Frostschäden im
jugendlichen Alter begegnen, möchte mehr unserer Unkenntniß über ihr
Vorkommen und dementsprechender falscher Culturmethode, als ihrer zarten
Constitution und daher Untauglichkeit für unsere Forsten zuzuschreiben
sein. Daß die Kälte als solche ihr nichts anhaben sollte, kann mit Recht
nach dem Vorkommen in ihrer Heimath gefolgert werden, da es ganz
zweifellos in Neu=Schottland, Neu=Braunschweig, Canada, am Michi=
gansee, weit kälter als bei uns ist. Südlich geht sie bis Nord=Florida,
Missouri, Arkansas bis zum östlichen Texas. Die scharfsinnigen
Beobachtungen von Wangenheim, welche ich in Bezug auf das Er=
frieren jüngerer Pflanzen bereits auf Seite 12 ff. dieses Buches erwähnt
habe, bitte ich nachzulesen. Eingeführt wurde sie 1721—30. Das
Holz ist stark, schwer, elastisch, dauerhaft, findet ausgedehnte Verwendung
im Schiffsbau, in der Tischlerei, und wird dem Holze aller anderen
amerikanischen Eichen vorgezogen.

Der Baum wird 60—80 Fuß hoch mit einem Durchmesser von
6—8 Fuß.

Bei richtiger Cultur muß die weiße Eiche gedeihen, ebenso gut wie
die anderen amerikanischen, aber reichlicher lohnend durch ihr unvergleich=
lich besseres Holz.

Juglans cinerea (Linné.)

Syn: Juglans oblonga (Miller.)
Juglans cathartica (Michaux.)

Eingeführt 1656. Vorkommen am nördlichen Ufer des Erie- und Ontario-See's, nördliches Vermont; südlich bis zum nördlichen Theil von Alabama, westlich bis Missouri und Arkansas, Pennsylvanien, sehr verbreitet; wird nicht so groß wie die schwarze Wallnuß, 30—40 Fuß, bei einem Durchmesser von ca. 3 Fuß.

Das Holz mehr bräunlich röthlich, dauerhaft, zäh, nie von Würmern angegriffen. Ausgedehnte Verwendung zu denselben Arbeiten wie das der Juglans nigra: Gewehrschäfte, für feinere Tischlerei, Boiserien u. s. w., und nimmt ebenfalls eine sehr schöne Politur an. Polirte Stücke von hier geschlagenen Bäumen sind sehr schön und lassen auch bei diesem Baum lebhaft bedauern, daß er bisher garnicht angebaut worden ist.

Prunus serotina (Ehrhart.)

Cerasus virginiana (Michaux.)

Eingeführt 1629? Von der atlantischen Küste bis Nebraska und Texas, sehr verbreitet, 60—80 Fuß hoch mit einem Stammdurchmesser bis 4 Fuß, gedeiht auf sehr verschiedenem Boden und entwickelt sich demgemäß natürlich sehr verschiedenartig. Langsam sich entwickelnd auf armem Boden an der Seeküste in sehr exponirter Lage, dem salzigen Wasser ausgesetzt, hier eine sehr nützliche Schutzpflanze und sehr widerstandsfähig, wächst er mit großer Schnelligkeit an den reichen Flußufern des Ohio und seiner Nebenflüsse, wo er die größten Dimensionen erreicht. In den nördlichen und mittleren Staaten ist er ein häufig vorkommender Waldbaum.

Das Holz ist hellröthlich, mahagoniartig, mit dem Alter dunkler werdend, und nimmt eine sehr schöne Politur an, findet in der feinen Möbeltischlerei, für die innere Einrichtung der Häuser, ausgedehnte Verwendung. Hier gewachsenes Holz zeichnet sich durch sehr schöne röthlich-rosa Färbung aus.

Tsuga Mertensiana (Carrière.)

Syn: Pinus Mertensiana (Bongard.)
Abies Mertensiana (Lindley.)
Abies Albertiana (Murray.)
Abies Bridgesii (Kellogg.)

Eingeführt 1851. Die Hemlockstanne des Westens, 100—200 Fuß hoch, während die des Ostens Tsuga canadensis nur 70—80 Fuß Höhe erreicht. Vorkommen im nördlichen Californien, Oregon, Vancouver-Insel bis Alaska. Ein prächtiger Baum mit ganz außerordentlich rapider Entwickelung, — ich sah vielfach Bäume in England, welche vor zwanzig Jahren gepflanzt, bis 50 Fuß hoch waren. Gedeiht hier vortrefflich auf recht mäßigem Boden.

Additional material from *Die Naturalisation ausländischer Waldbäume in Deutschland,* ISBN 978-3-642-51804-1, is available at http://extras.springer.com